（新裝版）

改變
地球歷史
的外星人

NETRA

台灣外星人研究所所長
全球最大UFO研究團體（MUFON）台灣代表及顧問

江晃榮 著

台灣外星人研究所顧問／文大史學系副教授

周健 推薦

推薦序

眼見不足以為憑，傳統的價值觀應與時並進

"The eternal mystery of the world is its comprehensibility… The fact that it is comprehensible is a miracle."

～Albert Einstein（1879～1955）～

　　「UFO與外星生物是否存在」的議題，已迷惑人類數千年，宗教界或視其為超自然的靈異現象，是耶？非耶？且看本書提供線索。

　　古往今來，懸案、疑案、奇案、冤案層出不窮，使大學裡的歷史學系、所有存在的正當理由。人類感官功能認知的範疇，型塑成源遠流長的知識體系，但眼見不足為憑，如空氣無法被「看見」，歷代列祖列宗的相貌不得而知，地球的形狀只有少數的太空人親眼目睹，黑暗物質被「間接」証明其存在，鬼神似乎「遠在天邊、近在眼前」。

　　在浩瀚的知識海洋裡，涉獵越多，或得到更高的學位，會發現並非已知的很多，而是未知的更多，故牛頓（Sir Isaac Newton, 1642～1727）曰：「If I have seen further it is by standing on the shoulders of giants.」心智高度成熟者，具備圓融無礙的智慧，自然謙卑滿懷，只有半吊子才故意流露出知識的傲慢。

　　忝為業餘的超常現象（supernormal phenomena）研究者，與晃榮兄「以文會友，以友輔仁」，建立起數十年的革命情感，如疇昔共軍的「長

征」（Long March）英雄——「老紅軍」，披荊斬棘，歷經滄桑，早已習慣普羅大眾的異樣眼光，所幸尚未被視為人格異常的歐洲中世紀經院哲學（Scholasticism）家，窮極一生，殫精竭慮，搜索枯腸，形銷骨立，撰寫數十萬字的論文，欲解決「上帝是否存在」的問題，答案卻是「不確定」。

先天的遺傳與後天的環境、教育與機遇，塑造獨特的人格特質。絕大多數的學者多沉溺在唯物論（materialism）的框架中，無法超越至唯心論（spiritualism）的境界。即很難從固定觀念（idee fixe）裡掙脫其藩籬，常對其專業以外和不熟稔的情事不屑一顧，或嗤之以鼻。習人文者不知如何區分直流電和交流電，搞科技者亦不知法國大革命史、天堂和地獄有何研究價值。

人類認知的範疇不斷擴大，傳統的價值觀應與時並進，作適度的調整。歷史的遞演是否為預定論（predestination）的產物？德意志第三帝國和美利堅合眾國的高科技研發，是否為外星生物的指導？各民族流傳下來的神話，多言及從天而降的「神」與人結合，而產生後代，如兩河流域的神多長著雙翼，能夠飛翔。星辰崇拜＝懷鄉情結，存在於許多未發明文字的原始民族，而彼等的天文學知識甚具現代性（modernity）。

通靈者（spirit rapper）宣稱能出陽神，遨遊太虛，但所描繪的靈界（siprit world）結構和天文學理論相去甚遠。「臺灣之子」不足為奇，人人皆是「宇宙之子」。「天人合一」的現代意義即是與外星生物邂逅，星際之間的考察旅遊必會實現。

吾人多關心地上的瑣事，卻遺忘天上諸般情事，因為天時＞地利，地利＞人和，並非天時不如地利，地利不如人和，因為天時與地利無法改變，而人和卻可改變。

活在二十一世紀的現代文明人，理應具備「上知天文，下知地理」的常識。本書資料及圖片豐富，作者積數十年深厚的功力，將未知領域尚未尋獲終極答案的前衛知識，作系統化的分析，在2012世界末日流言籠罩的氛圍中，不啻為振聾發聵、當頭棒喝的一股清流。

中國文化大學 史學系 副教授　周 健

近幾十年來科技發展一日千里，尤其在電腦資訊方面，更是每天都在創新，也使得外星人與UFO的研究有了很大轉變。

智慧型手機上市後，幾乎常聽到有人拍到外星人或UFO照片，每一位拍攝者都堅信自己拍到的影像是千真萬確，沒有造假，甚至還召開記者會。但經過探討後，才知都是手機的傑作，有些是APP軟體自動幫忙呈現的影像，要不然就是啟動手機特效才會有清晰外星人影像出現重疊線條，對大多數飛碟迷而言，無不希望這些都是真的。所以，研究外星人的人，觀念及心態需隨著科技進步而調整，千萬不可自己感覺良好，天天喊爽！

科技的進步也揭開了天空出現UFO的真相。天空中出現的不明飛行物，也就是UFO（Unidentified Flying Objects），大約有九成五可以用已知物理現象來解釋，如雲層反光、飛機燈光或噴出煙霧、探照燈、鳥群飛行、金星或其他星球、流星、氣象汽球、煙火、玻璃反光、相機鏡頭有髒東西、墓園燐火以及故意惡作劇等，由於這些都是已知自然現象，所以叫IFO（Identified flying Objects），不到5%的UFO在過去是無法解釋的，所以有些UFO是所謂的飛碟（Flying Sausers or Discs），也就是說，可能是其他星球生物所乘坐的飛行器。但近年來的研究，證實了絕大多數是LED燈風箏、先進國家所研發的秘密兵器，或是電漿

（Plasma）現象等，因此，是飛碟的可能性已微乎其微。

美國有一恐怖的陰的（隱藏的）或秘密政府（secret government），在背後控制著表面政權，近年的研究顯示，這一陰政府早就在研究高科技兵器，包括圓盤狀飛行器以及類似UFO的電漿兵器，由於這些均有別於外星人的所謂飛碟飛行器，所以特將人造UFO型兵器稱為UFOO（UFO^2,Unidentified Flying Other Objects）。不但如此，美國陰的政府還時常釋放虛假消息給研究UFO的人，真真假假，用以掩蓋及混淆真相。

另外，依據美國一項機密檔案，美國所進行的蒙淘克計畫中有一子計畫，是尋找進入另一時空的星門（star gate）或是蟲洞（wormhole），為了要啟動此項實驗，需用及高頻主動式極光研究項目（High Frequency Active Auroral Research Program, HAARP），所以才會出現螺旋渦狀、三角形，甚或金字塔型天空亮點，因此被研究飛碟的人引用說這是新型不明飛行物UFO，其實都不是，而是美國進行秘密實驗的結果。結論是，真正與外星人有關的飛行器，即所謂的飛碟，是少之又少。

至於大家所熟知的小灰人（Greys），又叫羅斯威爾外星人，也是與美國總統見過面並簽約者，依最近的研究，其實並非來自外星球的ET，而是有兩種可能：一是來自地心，也就是所謂alien（異形、異鄉人）；另一則是地球上少見的生物，再經美國以遺傳工程複製（clone）改良而來，近來常見的吸血怪物卓柏卡布拉（Chupacabra），就是小灰人經基因改造而成的產物。

所以，其實也並沒有那麼多外星人！

江晃榮 序於台北
2013年2月3日

5

作者自序

框架以外的科學是值得探討的

現今科學是奠基在實證、物質化原理上，對於無法以實驗證明或解釋的部分，都被視為不科學、迷信或是偽科學，例如：超心靈現象、神鬼、外星人與飛碟、神秘現象等，但這些在過去被視為怪力亂神的研究，如今已逐漸受重視，台大李校長甚至將他所探討的人體特異功能稱為「框架以外的科學」，言外之意也就是指，目前狹窄框架內的唯物化科學所難以解釋的現象，有一天將會全盤公開躍升成科學。

美國是當今世界強國，也是科技大國，但在實證科學之外，對所謂「框架以外的科學」的研究也是居領先地位，但許多研究資料卻不願公開，或以漸進方式一點一點地透露，所以很多人認為，美國是一個陰險的政府，或是背後有黑手掌控，美國為了繼續稱霸世界，而不願意百分百呈現其研究成果，如在1970年代時，告訴我們說月球是死寂一片，什麼都沒有，但1990年代卻說月球有冰層的存在，是有水的，進入21世紀後，又公布說月球可能也有大氣層，會不會再過幾年，會表示早就

知道月球上有生物存在呢？

因此，有關地球人類來自何方，是演化的或是創造來的，美國已研究40年了，最近才公開了部分資料，其中最引人注目的是蒙托克計畫（Montauk Project）。

依官方說法，此一計畫是在1971年8月15日至1983年8月12日期間，在美國紐約長島東端蒙托克「英雄營」空軍基地所執行的，這段期間展開了一些機密的實驗項目。

蒙托克計畫是由近代物理學教父，也是交流電發明人「特斯拉」總負責，成立於1941年前的秘密研究計畫，在1983年之後也有後續研究，一直到今天。其中包括費城實驗、時光隧道（Time tunnel），心靈控制（mind control）實驗，以及利用催眠超感應與外星生物研究等，具體內容有遠程傳物（Teleportation）、（透過時光隧道）接觸異類外星人、（毀滅非洲的）「愛滋病病毒」、黑衣人（MIB）、UFO裝置與飛行原理等。

曾在蒙托克計畫秘密基地工作的斯多德·斯瓦洛（Stwart A. Swerdlow），他的祖父級長輩曾是前蘇聯第一任最高蘇維埃主席——葉爾欽。斯瓦洛參與蒙托克計畫的工作內容，包括與外星人合作、時光隧道、瞬間傳輸、意識控制實驗等，該計畫大部分工作人員都被「除掉」或「洗腦」，只有極少數人成功逃脫，並開始了公開的生涯回顧，斯瓦洛是其中一個幸運

者，之後這些倖存者開始著書敘述蒙托克計畫，美國政府也陸續將部分研究成果公諸於世。

　　本書是根據作者所收集及研究資料整理而成，其中有關地球人與爬蟲類人，以及外星人間的關聯，非常令人震撼，也解開了作者30多年來心中的迷惑，至於讀者信不信，或是本書內容是否完全正確的結論等，都有討論的空間，作者只是想表達：框架以外的科學是值得探討的！

　　本書之完成，最要感謝的是采竹文化事業公司的周心慧發行人、李方田執行總裁、劉信宏主編，以及出版社其他工作同仁，寫推薦序的好友，作者也要致上十二萬分謝意。

江晃榮 序於台北

2011年10月25日

8

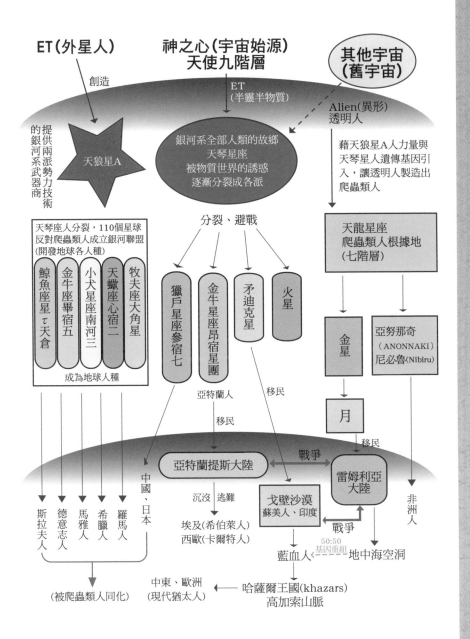

目錄
CONTENTS

CONTENTS

第一章

先進國家與外星人的接觸

外星人資料遭美國政府刻意的封鎖

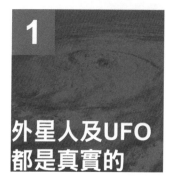

1

外星人及UFO都是真實的

大約有60具以上訪問過地球的外星人遺體被美國政府隱藏。

聽到這句話之後，一般人一定會想，這是科幻電影或小說情節。

其實，只要是正常人就一定會有這樣的反應，每個人首次接觸到這種事實時，都不禁會懷疑：這可能是虛構的，不然就是錯覺！

一般對UFO有興趣的人，常會問：「UFO是真實的嗎？外星人為何不乾脆一點，到紐約時代廣場開記者招待會，這樣一來，什麼疑慮不就都解決了嗎？」而且幾乎所有人所提出的問題都是如此，可見這是所有人共同的疑慮。

若是對他們回答說：「乘坐UFO到地球的外星人是真的，而且資訊被美國政府封鎖了。」那麼，對方的反應必然是：「太不可思議、太離譜了，簡直令人難以相信！」這些反應其實都是合乎常理的，30幾年前，甚至連UFO研究人員也具有同樣想法。

當時在美國國內，正到處謠傳著有UFO墜落到地球，其中所乘坐的外星人遺體被人類發現，並被送到了政府單位。

而事實上，美國的軍事基地內，的確有UFO的機體及乘坐的外星人遺體。以前很多人認為UFO是一種夢幻、誤認、幻覺、惡作劇等的想法，實在是錯誤的。

來自地球以外星球的外星人，到我們居住的地球訪問，這個無可爭辯的事實，沒想到卻遭到封鎖消息的命運。而由於有關UFO及外星人之情報與消息受到完全的封鎖，在消息情報不足的情況下，使得全世界人類在不知道此重大問題的前題下，仍然正常地過日子。

根據統計，目前在全世界各地，一天大約有幾百件左右的UFO事件發生。但是，見諸於大眾傳播媒體的，可以說幾乎沒有。若偶爾被大眾傳播媒體採納的話，那麼處理態度大都是半開玩笑的口吻，或卡通漫畫的諷刺方式。

為什麼會造成這種結果呢？這樣做必定有其充分的理由才對。

某一不欲為人知的世界秘密組織最高指導曾這樣決定著：「絕對不能讓社會大眾知道UFO造訪地球的事，以及外星人存在的事實。」

◀ 圖1-1
俄羅斯卡爾梅克共和國總統曾遭外星人綁架。

17

　　這些人握有外星人的相關秘密，在不為人知的前提下，自行秘密地計畫著，並不斷進行這方面的研究。

　　若仔細深究，外星人的問題可說與地球人全體生死存亡的問題大大相關，但這種重大消息卻遭到了封鎖。所以，對外星人存在與否的研究，有以下幾點必須討論：

● 吾人所居住的地球已受到外星人的監視，外星人並曾到地球訪問，這個事實在60年前各國的政府要人，尤其是美國，均早已知道。

● 美國中央情報局（CIA）是美國政府機關中，最早對墜落在地球上的UFO及外星人遺體進行回收工作的單位，但CIA卻將此事一直封鎖不宣。

● 到今天為止，美國全國經過證實的類似UFO墜落事件，約在100件以上。

● 已對所回收的外星人遺體進行解剖，並得知其外貌、內部構造、內臟以及生活方式。

● 更令人驚訝的是，美國軍部模仿所回收的UFO，已製造出「地球UFO」（稱為UF00），並進行飛行實驗。

● 探討封鎖本世紀最大秘密的機構，以及穿著黑色制服在該機構活動之男人（MIB）。

● 依據所得到的資料，對這種令人恐怖的外星人事件的秘密作

一全盤性推理。

● 日本防衛廳的幹部曾聽過美國政府機關要員之演講，內容為
　有關美國UFO墜落事件及外星人等的真相。

　　像飛碟這種未確認的飛行物體，亦曾在第二次世界大戰中出沒
過，當時的美、英、法、蘇聯同盟國，及日、德、義三個軸心國，雙
方均認為這是「謎樣的幽靈戰鬥機」。

　　這種謎樣的飛行物體時常在混亂的戰場上出現，不斷地盤旋飛行
著，好像是在觀察某種事情，但突然間卻又快速離去，令人不可思
議。

　　針對當時這種「幽靈戰鬥機」，同盟國方面認為是德國所開發的
新型武器，而德軍方面卻認為是同盟國發展出來的，雙方並互相刺探
著。在第二次世界大戰結束之後，雙方交換了彼此的情報，發現竟然
都非屬於任何一方的新型兵器。

2

美國當局計畫性隱蔽外星人真相

CIA（美國中央情報局）、FBI（聯邦調查局）、NSA（國家情報局）、DIA（國防情報局）等各情報機關，以及美國空軍、國務院及其他美國政府機構，從1953年之後，對UFO事件均持下列看法與態度：

UFO事件中，絕大多數係錯覺與誤認的結果，對國家安全保障上並不會構成重大威脅。對於UFO相關之調查、研究，並沒有必要再進行，對於UFO相關情報或資料等，也用不著保管。

雖然如此，美國當局對於與UFO相關的明顯證據、物件等，卻保持強硬的態度，將這些資料隱藏而不公開。對於這項秘密主義作風，美國亞利桑那州鳳凰市（Phoenix）的UFO研究集團GSW（地上圓盤監視機構），在1977年9月21日，基於「情報自由化法（註：即國民有知的權利）」的原則，向法院控訴美國CIA，要求其公布UFO資料。

這項「情報自由化」法律是1974年新制定的，內容為「政府機關得應市民之要求，公布不會影響到國家安全與威脅之任何資料」。

這項法律當然對CIA不利，但CIA仍然堅持不肯公布。GSW會長威廉・史波魯坦克與德特傑克氏，以及紐約的名律師皮達克斯坦等三

人組成訴訟小組，進行這場訴訟官司。最後，終於在1978年9月，由美國聯邦地方裁判所判決CIA敗訴，並命令CIA公布UFO極秘文件。

所以，在同年12月，CIA公布了從未發表過的UFO文件，內容共有935頁，這些資料顯然是CIA當局辛苦收集到的。

這些報告中，包含著許多令人驚訝的事實，如美國各地重要的軍事基地受到UFO的攻擊，美軍使用足以自誇的最新型噴射戰鬥機及電子兵器加以抵抗，但這些武器卻在UFO面前全部失去效能。

那麼，到底為什麼美國政府機構及軍事單位會一致將UFO問題隱藏不宣呢？此一問題的答案可以由一份CIA的文件中得知，這份文件是CIA在1953年1月所主辦的會議內容，參加人員共有五人，都是當時知名的科學家，主要是有關UFO的調查會議（又稱為「羅勃德森調查會」）。

此一會議主要內容如下：

「調查會中決議要進行某項教育計畫，使大眾不相信UFO之存在。計畫分為訓練計畫及暴露計畫兩項。

● 訓練計畫──即將流星、大氣現象、氣球、飛機與UFO分辨清楚而不誤認。對象為雷達人員、航空管制官、飛行員、軍隊的士官等，對這些人員進行教育、訓練，使他們能清楚辨別真正的UFO與敵人的飛機，而不致於混亂情報。

● 暴露計畫──充分利用電視及大眾傳播工具教導一般民眾，

告誡他們絕對沒有UFO存在。例如，首先播出與UFO類似的
照片給大眾觀看。接下來播出另一畫面，並告訴大家說，這
是利用特殊攝影技巧所得到的，或者這只是氣球的錯覺所導
致的結果。像這樣，以揭穿戲法的方式來教育大眾，讓他們
覺得UFO都是虛構或是誤認，這就是該計畫的最後目的。

● 此計畫必須由心理學家、天文學家、大眾傳播工作人員、宣
　傳及廣告專家共同協助，而業餘天文學家所擔負的任務最為
　重要。

● 若是UFO同時為許多民眾目擊時，民間的UFO研究團體對社
　會大眾可能會發生極大的影響力，所以對UFO研究團體必須
　經常監視……」

3

美國情報當局掩蓋了外星人真相

自1953年開始，美國就暗中進行掩蓋UFO情報的計畫，而由於CIA召集的調查會所作的結論，政府各機構當然會徹底執行，又因為所涉及層面很廣，社會大眾必定也會照政府的意思實行。

其所導致的結果是，一般民眾一提到「UFO」時，常會皺眉頭說：「唉！這是真的嗎？只不過是利用特殊攝影技巧的結果吧！」

事實上，科學家們所得到的結論與政府當局是不同的，他們認為「在UFO目擊事件中，的確有些是錯覺、幻覺或是攝影技巧的運用。但是，也有許多現象是無法以現今地球上科學水準來解釋的。對於UFO現象，今後應成立特殊組織，做更具科學性的調查與研究」。

這項結論，對從事科學研究的人而言，是很公正、客觀、合理的。但是CIA以偷天換日的手法，在不知不覺間，將這項結論改成剛才看到的「對大眾要教導他們，UFO是不存在的」。

CIA這樣做，表面上的理由是「社會大眾不斷受到UFO的騷擾，因此敵國間諜也許會假裝傳遞UFO情報或以UFO當幌子，乘隙做出對美國不利，甚至攻擊的事情來」，但背後其實有著更重要的道理呢！

一項極機密的文件透露了UFO情報遭封鎖的真相，這是由1970年代伊朗美國大使館武官馬凱治將軍提供給美國國防總部情報中心的資料。

該文件內容如下：

　　1976年9月20日，天尚未明亮之時，伊朗首都德黑蘭上空出現了UFO。經當地居民的通報後，空軍指揮官也以肉眼確認事實，基地上的雷達亦偵測出異常物體。

　　當地司令官馬上發出緊急命令，指示F4幽靈戰鬥機出動。幾分鐘後，在德黑蘭西方75哩上空處確認了UFO，並將報告傳回。

　　根據駕駛員的報告，UFO為巨大圓盤型，大小約與波音707型加油機相同，由於圓盤發出強烈光線，細部無法確認。每當飛機接近到半徑25哩以內範圍時，UFO便以極快速度遠離，並再度等候飛機的接近，但旋即又快速逃開，這項怪異行動頗令人難以理解。而當射擊手以M9飛彈瞄準UFO，電子裝置也固定時，所有電氣系統卻頓時成停電狀態，等停電狀態解除時，UFO又恢復先前怪異現象……

　　依據F4幽靈戰鬥機駕駛員的描述，當時UFO中曾跳出小發光體，並快速地接近飛機。射擊手感覺好像遭受到攻擊，驚慌中馬上扣下發射飛彈的扳機，但這時候所有電氣系統又發生了故障，使飛彈無法發射。駕駛員頓時處於極度驚慌狀態，馬上採取緊急降低迴避措施，以避免衝突。此時機首向下，火箭的槍口不再指向UFO，在這種情況下，非常奇怪地，電氣系統又恢復了。隨後，小發光體掉過頭來，又飛回巨大的UFO當中

了。

　　因為F4幽靈機的燃料快用光了，所以飛機打算回到基地來。可是機上的駕駛員由於長時間受到UFO強烈光線的照射，眼睛呈現暫時失明狀態，竟無法辨認基地上的飛機跑道。司令部馬上指示F4幽靈機暫時在基地上空盤旋等待著。而UFO好像監視F4幽靈機一樣，亦跟在後面繼續盤飛著。這時候，基地上的官兵們都用肉眼確認出UFO，基地與機上的雷達也都同時偵測到……

　　此一事件的情況有幾項特點：

　　第一、報告者都是美國將軍級的高級長官。

　　第二、基地官兵、機上駕駛員以及市民們都同時用肉眼看到了UFO，地上與機上的雷達亦同時偵測到異常物體。

　　由這些特徵看來，這絕非所傳言的「氣球的誤認」或是「幻覺、錯覺」。以這個觀點來考慮剛才文件上所記載的各種奇怪現象，不禁令人毛骨悚然。UFO並沒有直接攻擊，就可以使我們足以自誇的電子兵器全部失效。UFO的飛行速度極快，所以戰鬥機等武器在他們眼中看來，就如同小孩子的玩具，可以任意處理、玩耍。

　　UFO看到F4幽靈機著陸後就開始遠離。緊跟著，另一架F4幽靈機隨後出動，並追蹤之。這時，由UFO中再度放出小發光

體，這一次小發光體卻向著地面俯衝，再逐漸減低速度降落到地上，同時發射出強烈光線，半徑約有1.5哩範圍，駕駛員想要接近UFO以便確認，可是當他們靠近UFO時，機上所有儀器全部故障，無線電也失去通信功能，情況極為危急，所以他們急速轉回到基地。

　　第二天早上，軍隊派出直升機至該地區調查。依據調查隊之報告，在當地附近的居民，前一天晚上均目睹疑似UFO的光團，及咻咻樣極為恐怖的聲音。最靠近UFO著陸地點處有一間小屋，住著一位老人。調查隊並對現場附近進行放射能檢查……

　　報告中敘述到此，以下的內容就全部被刪除了。
　　UFO真相被隱藏的初步證據，這只是其中一例呢！

▶ 圖1-2
美軍方遇
ＵＦＯ資
料。

4

紅光計畫的真相

過去研究飛碟的人曾提出「UFO是在地球上製造」的假說。

到目前為止，我們所看到的UFO雖然未必全是地球上所製造的，但至少其中有一部分很可能是地球製的。

1947年以來，發生過多次UFO墜落事件，這些墜落的UFO均被加以回收，UFO當然會被拆開來研究，再製成與UFO相同的東西也是理所當然的。而執行此任務的，即所謂「紅光計畫（red light project）」的極機密研究案。

紅光計畫主要內容如下：

紅光計畫──政府（包括軍部）所經手，目的是回收UFO及外星人，並進行研究與分析的極秘計畫。

為此目的而設立設施在××，周圍有三個防衛基地。

此地區以前是××設施所在地。

1951年，××基地要員人事異動。

既存的××被留下來，××的從業員一步都不准外出。

不久，軍部的建設作業隊到達，進行大規模設施之建設作業。

大部分設施都在地下。

建設完成時，××的從業員及軍部的建設作業隊遷移出，換上「紅光計畫」的成員，這是1951年的事。

計畫的研究內容包括UFO的構造、推進機結構、機器類及兵器等，範圍極廣。

回收的UFO機體經過收集配件重新組成、修理之後，由美軍試飛駕駛員進行飛行試驗（UFO的停機庫及研究設施全都設在安全的地下室）。

此基地的警戒警報系統及防衛措施，是針對外星人可能進行的報復行動而設計的。

基地上有800到1,000位要員及科學家，他們都不能外出，必須長久住在基地。

由藍色呢絨帽部隊的分遣隊每天24小時警備著。

為防止沒有特別許可證的人靠近基地或觀察情報，基地有特別設計的防衛系統，可強制排除這類事情。

有三架完整的UFO及多數損毀的UFO零件運到該基地進行研究。

其中兩架圓盤式飛行物體已由美軍駕駛員試飛成功。

這兩架圓盤在同時試飛時，其中一架發生猛烈大爆炸而損毀了。

擁有最高機密資格的多位科學家，在過去40年以上的長期間內，曾參與這項秘密計畫……

這份文件中提到「藍色呢絨帽」特殊部隊，也就是所謂的回收UFO部隊。

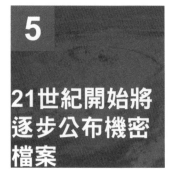

5

21世紀開始將逐步公布機密檔案

FBI在2011年公布了一個線上檔案室——「穹頂」（The Vault），當中發布上千份先前不曾公布的「X檔案」，這是一項投石問路動作，代表檔案將逐步公開，除了一名特務紀錄確有羅斯威爾（Roswell）UFO墜毀事件，還有另一名特務通報1949年美國猶他州的UFO爆炸事件，當時有3名目擊者宣稱在鹽湖城上空目睹不明物體。

1949年4月4日，一名特務向局長胡佛（Edgar Hoover）發出一條急件電報，標題為「飛碟」，當中指出，有3名目擊者同時在鹽湖城羅根市（Logan）附近的山區目擊UFO。

◀圖1-3
FBI的線上檔案室公布不少先前未曾透露的機密文件，其中有不少關於UFO的資料。

這3名目擊者分別為警察、公路巡邏以及軍隊守衛，當時這3人身處不同地點，且各距離對方好幾哩遠，但他們同時表示，看見一個銀色的物體，高速向薩丁峽谷（Sardine Canyon）的方向前進，最後起火且爆炸。

　　除了這3名目擊證人外，也有許多當地居民同時通報有不明物體在空中爆炸並墜毀。電報中也透露，早在1947年，羅根市就有UFO出沒的消息傳出，當地居民表示，曾目擊高速前進的不明飛行物體。

▶圖1-4
特務霍特爾的手稿。

　　除了猶他州的UFO墜毀事件，FBI也公布另一名特務的筆記，內容涉及羅斯威爾事件；這名特務名叫霍特爾（Guy Hottel），他在筆記中直指當時確實有外星人降落在羅斯威爾。

　　霍特爾在這份備忘錄所下的標題即為「飛碟」（Flying Saucers），當中引述一名航空調查員的話表示：「有3架所謂的飛碟在新墨西哥州被發現」、「形狀成圓形，中間拱起來，直徑約為50呎長」、「每個飛碟裡都有3具像是人的屍體，不過身長只有3呎左右（約90公分）」，「他們都穿著金屬製的衣服，質料相當好，全身上下包得緊緊的」。

　　羅斯威爾事件至今仍是一個謎團，事發當時，軍方公關部軍官霍特（Walter Haut）向媒體宣稱：「空軍軍方發現飛碟，目前正在檢查當中。」不過幾個小時後，改由雷米（Geoge Remi）將軍接手此事，他

馬上對外宣布，先前的說法有誤，事實上根本沒有飛碟這回事，而墜落的物體只是帶有雷達的氣象球。

◀ 圖1-5
羅斯威爾事件媒體相關報導。

美國總統與外星人的合約

1

艾森豪、邱吉爾與UFO

在第二次世界大戰結束的前一年，美英兩國的最高指揮官已提出證據，說明這種謎樣的不明飛行物體為來自地球外的外星人，並相信外星人是存在的。

1944年12月12日，當時歐洲盟軍最高司令官艾森豪將軍及英國首相邱吉爾共同發表聲明：「我們目前已面對第三個未確認敵軍，現在宣布作戰開始……」

聲明中所提及的「第三個未確認敵軍」，並非指地球上的任何生物，這是極為明顯可確定的。

艾森豪及邱吉爾確定了「第三未確認敵軍」，提出這項聲明的導火線，係基於下列所敘述的令人震撼事件。

1942年2月15日晚上，美國洛杉磯市西海岸都市上空，出現了兩架不明飛行物體。最初經過判斷是日本的偵察機，因此各陸、海軍基地一齊發射高射砲，共計發射了1,430發砲彈。

但是，這些發射的砲彈均在到達目標前就爆炸了，而兩架不明飛行物體被一層美麗的橘光圈包圍著，在探照燈與高射砲彈彈火中悠哉

悠哉地飛來飛去。

當時的新聞界，將此種謎樣的不明飛行物體稱之為「幽靈戰鬥機」、「飛行空中的銀球」。後來各地戰場也陸續出現，才使得艾森豪及邱吉爾提出上述聲明。

這時，當年美國的參謀總長，後來任國務卿的喬治‧馬歇爾將軍認為，必須「要對抗來自銀河軍隊的威脅」，因此，向這一「第三軍隊」宣戰，並發出緊急命令，指示中央情報局「對於所發現的UFO，不論捕捉、擊落或活捉方式，均可作為作戰方式」。

1947年，文森豪將軍之情報部中記述著下列報導：

來自外太空的訪問者……不吉祥的軍隊來到地球，很明顯的，是要調查地球上資源、軍需工業、軍事基地、軍事能力、運輸及通信手段等。

又，1947年9月23日，由軍事安全調查會寄給航空物資司令部德瓦尼古中將的機密報告書中，記載著下列事項：

● 報告中所列舉之現象（UFO）係真實事件，而非幻覺。

● 在天空中，有無數圓盤型的物體存在，比人類所製造的人工航空飛行器大小略同。

● 所報告物體具有驚人的運轉性能，並能急上升、急迴旋等，

33

若是追蹤它們或是以雷達捕捉時，則會突然加速或改變飛行
形態，這是一種屬於意識狀態下之運轉，很可能是自動或是
遙控飛行。

● 物體的外貌，大體上為：表面具有金屬光澤，沒有飛跡（飛
行物之雲團？），但是，在以非常高速飛行的多數情況下具
有飛跡。形狀為圓形或橢圓形，底部平坦，上部為圓桶狀。
以3～9機編成一隊的情況較多。飛行時通常不發出聲音，但
卻有三件報告指出，會發出喀時喀嗶聲音。

● 為了研究這種謎樣的不明飛行物體，應儘速決定有關這項機
密研究的暗號名稱，並通令各軍事機構儘快提出報告書及研
究對策。

報告書的內容相當長，閱讀當中的一段即可知道，當時的軍事機
構高級人員，對於這種來自地球外謎樣飛行物體的侵略者非常擔心，
這一點相當明顯。

艾森豪更有一段私會外星人的舉動，他於1954年2月20日，在加
州棕櫚泉（Palm Springs）度假，當時因臨時改變行程而前往密洛克
（Muroc）機場（即知名的愛德華空軍基地），原先已安排好的記者
招待會也取消。

謠傳總統身體不適，官方宣稱他去看牙醫，但却無法得到證實。
事實上，艾森豪是搭直升機至愛德華空軍基地。之後有三架UFO降落

在該基地的飛機跑道上，其中兩架旋即起飛，所以現場只遺留一架。

軍方人員將這架UFO引進飛機庫內，並將整個地區封鎖，佈下嚴密的安全網，此在歷史上保持著最高機密。艾森豪就在該地會見參宿七（Rigel，獵戶星座中最亮星）外星人，在隨侍的六個人之中，有一位擔任技術顧問的高級試飛員，據其之後的描述，共有五架航空器降落，三架為碟形，兩架則為雪茄型，而外星生物很像人類，但有些畸形，身高約150公分，可不戴頭盔呼吸，是獵戶星座外星人聯盟的領導者。

參宿七人能說英語，希望艾森豪展開對美國人民、甚至全世界的外星宇宙教育計畫，與美國交換資訊，傳授高科技給美國人，美國允許參宿七人拿地球上的牛、羊及人類進行遺傳實驗，導致之後有牛遭虐殺事件，以及地球人遭外星人綁架事件，這也就是有名的「第六密約」。

35

改變地球歷史的外星人
人類起源與星際文明大解密

▶ 圖1-7
當年相當有名的希爾夫婦綁架事件。

▶ 圖1-8
希爾夫妻遭外星人綁架後所繪星空圖。

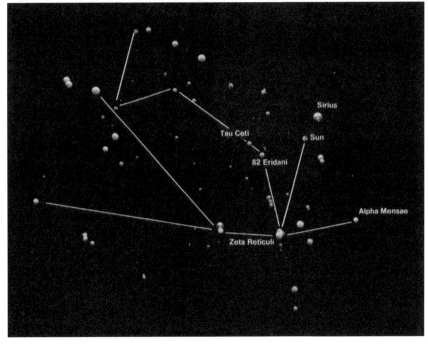

2

杜魯門總統與外星人的接觸

杜魯門總統曾與愛因斯坦商談對付外星部隊的方法，1952年7月19日星期六晚上11時40分，華盛頓國際機場管制塔台的雷達上突然出現了七個光點。

奇妙的是，其中有兩個光點竟以時速高達11,200公里驚奇的速度飛行，而在雷達上形成了一道痕跡。

安德魯斯空軍基地的雷達上也同時偵測到這些光點，接著首都機場上807及610班機的駕駛員也都目擊了UFO群。

這件事使得國防部大為驚訝。因為這是有史以來首度侵入美國首都上空，國籍及機體均不明的飛行物體，居然能夠整齊編隊，自由自在地飛來飛去，實在令人費解。

◀圖1-9
1952年美國白宮出現UFO。

國防部長馬上下令，召集各軍事首長舉行緊急會議。

空軍總司令立即下令F94噴射戰鬥機緊急出動。但是，當F94噴射戰機升空後，這些不明物體卻在一瞬間消失了。等到飛機回航後卻又出現，像這樣有如在捉迷藏似的，連續多次，直到天亮為止。這對於全世界一流的美國空軍而言，不啻是一大諷刺。

這個時候，美國當年的總統杜魯門與世界最有名的科學家愛因斯

坦博士通過電話討論，留下了歷史性的紀錄。

「愛因斯坦博士，我想請教您，某種外星來的部隊又在華盛頓D.C.的上空出現了，該怎麼辦呢？」

聽了杜魯門總統的問題，愛因斯坦認為：

「不論他們有任何舉動均不用擔心，絕對不要射擊或與他們戰鬥，否則的話，以他們卓越的科學力量，是足以使我們人類全體滅亡的……」

六天後的7月25日，華盛頓每日新聞上記載著美國國務院所發表的報告：「國防當局命令噴射戰鬥機部隊，對於不服從著陸命令的UFO可以加以擊落。」

第二天，也就是7月26日的晚上，又有大群的謎樣不明飛行物體出現，任意地在華盛頓上空飛行，一直到黎明為止。

在此期間，空軍F94飛機出動，但均敵不過UFO。

這項「UFO大來襲」事件發生的動機與目的，是一項值得去探討的問題。事件發生後，杜魯門總統與阿曼‧N‧布拉特列參謀總長發表了聲明：「現在對於侵略的UFO進行宣戰，美國各空軍基地的戰鬥機可將UFO擊落。」

而第二次世界大戰結束後，聯軍最高司令官，也就是大家所熟悉的麥克阿瑟將軍，曾經告誡全體國民要注意外星人入侵地球所造成的

威脅，這是一項十分耐人尋味的事。

1955年10月9日，「紐約時報」曾記載著麥帥的談話：

吾國國民與世界全體人類，應該共同準備星際間的戰爭。有一天地球上各國必須共同面對來自外太空星球的攻擊。

麥克阿瑟元帥當時非常注意世界各地所發生的UFO現象，並加以收集分析，他認為UFO為外星人所擁有的飛行器，並非常擔心外星人有侵略地球的企圖。

1962年，麥帥在對美國陸軍軍官學校畢業生演講中，亦提出這方面更具體的建言：

◀圖1-10
麥克阿瑟曾表示二次大戰有外星人參與。

　　吾人今天正面對著潛伏在無窮盡宇宙中，實力令人無法想像的敵人。換句話說，我們必須進行準備與檢討控制宇宙間能量，以及來自其他星球種族間之鬥爭。下一次的戰爭並非地球上國與國間所發生的第三次世界大戰，而是星球與星球間之戰爭。地球上各國的人民必須團結起來，共同為星際間大戰而努力。

3

卡特總統曾目擊UFO，並有紀錄

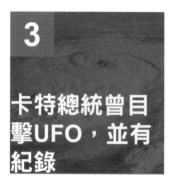

卡特在當總統之前，曾允諾將公開五角大廈UFO秘密檔案，但在當選之後卻食言。沒有人知道他何以會有如此改變，有人戲稱這是一樁「宇宙水門」（Cosmic Watergate）事件。

1973年9月14日，卡特擔任喬治亞州州長，於該州都柏林（Dublin）發表演說時，宣稱「當人們說到曾經看見UFO時，我不會再嘲笑他們，因為我自己也見過」。

當時記者們立刻逼他說出詳情，卡特說他競選州長，曾訪問該州南方的利阿里（Leary）鎮，在室外向獅子會會友發表演說時，目睹空中有一藍色的碟形飛行物。由於現場有錄音，所以整個過程均有正確的記錄。

卡特告訴記者：「UFO約在30度的位置，比月亮稍大，但其形狀忽小忽大，並轉變成微紅色。我當時非常清醒，它的確在該處，並且來路不明。」

◀圖1-11
卡特總統目擊UFO紀錄。

41

　　他堅持所見為真，其新聞秘書也描述：「我記得卡特說，他確實在該月夜間目擊一團奇特的發光體或物體，並非可以解釋的星星或飛機，如果認定為不明飛行物體亦無可厚非。我並不認為此事對卡特有任何重大的影響，我敢說他可能見過更怪異和更無法解釋的事情。」

　　卡特在事後曾接受民間UFO研究團體的調查，填滿三張表格，並有親筆簽名。秘書言及「他可能見過更怪異和更無法解釋的事情」，值得我們注意。卡特是否與UFO有更進一步的接觸？以及是否曾目睹墜毀UFO的殘骸和外星人的遺體？則不得而知。

4
美國總統歐巴馬與聯合國可能準備公布外星人檔案

歐巴馬是美國歷史上第一位黑人總統，並獲諾貝爾和平獎，正當質疑的聲浪從四面八方湧入時，一個令人震驚的內幕卻傳出──歐巴馬獲和平獎，是為美國即將公布外星人存在的消息鋪路⋯⋯

美國總統歐巴馬2009年12月10日在挪威奧斯陸接受諾貝爾和平獎，這項大獎向來受到全球所矚目，歐巴馬在發表長達四千字的受獎演說中，表示自己對和平的貢獻微不足道。

挪威諾貝爾和平獎委員會指出，委員會「掌握支持歐巴馬理念的好時機。但歷史告訴我們，有太多

◀◀ 圖1-12
歐巴馬就職出現UFO。

◀ 圖1-13
歐巴馬就職出現UFO放大圖。

錯失良機的例子。就在今天，我們有這個機會支持歐巴馬總統的理念，今年和平獎的頒發，著實提醒我們所有人落實行動的重要。」

美國總統歐巴馬將在未來針對UFO議題作出歷史性聲明。先前曾有美國退役軍官聲稱，UFO的頻繁出現，是為了增加人們的認同，希望人們最終能與外星人進行面對面的接觸。

據美國政府內部消息人士指出，歐巴馬已經決定針對UFO造訪，和美國與外星人接觸一事作出聲明。美國國防先進研究計畫局（DARPA）已經同意這項計畫，美國政府也將間接承認UFO和外星人。

43

　　但歐巴馬可能不會直接承認UFO來訪，以及人類與外星人的接觸，然而，他將在一場完全無關的演說中脫稿提及UFO，這將是歷屆總統中最接近承認UFO的陳述。

　　歐巴馬將間接承認有部分證據顯示，外星人曾試圖接觸地球人。而這只是公開計畫的一部分，在未來幾年內，世界各主要政府也將承認UFO和外星人的來訪。

UFO特務機構──MIB之謎

黑衣人（Men in Black，MIB）是指穿著黑色制服的美國某個政府秘密機構的人員，他們經常使用恐嚇的手段壓制UFO目擊事件及公布第一手UFO資料的人，但官方對此事從未承認過。

◀ 圖1-15
美國的UFO

黑衣人較為人熟知的即是「MIB星際戰警」，但這是一個科幻喜劇電影，改編自漫畫作品，此一電影劇本事實上是有科學根據的，黑衣人可說是UFO的憲兵，也有人說黑衣人就如同外星人派到地球上的

45

一支「第五縱隊」，在幾個世紀以前，「黑衣人」的活動已有幾百年歷史，只是沒有像1950年代後那樣頻繁，也沒有這麼公開。

黑衣人大都是彪形大漢，他們身穿黑色衣服，面龐是東方人的臉，傳說中黑衣人的外型動作特徵有兩種描述：一說黑衣人穿著「嶄新」、「滑亮」的黑領帶西裝或黑大衣，眼睛像中國人一樣是微斜的。操非正式、近乎古板的英語。頭髮整齊、一絲不苟。動作僵硬，表情木訥，語氣平板，就像機器人。

另一說則較為少見，也較為簡略，黑衣人穿著皺得很糟糕的黑領帶西裝，操美國電影中黑幫角頭那種俚俗語氣的語言。

關於膚色也有兩種描述：黝黑或蒼白，動作體態的古怪則是公認的。這些人像是有奇怪電燈泡般的眼睛，具有心靈感應能力，而且用眼睛瞪著人，就能造成頭痛。黑衣人對普通的生活用品，如平底鍋、桌上器具等非常有興趣。

傳說中他們曾對人造成肉體傷害，但沒有實際的紀錄可供查詢。黑衣人的車輛是黑色嶄新舊式名車，通常是凱迪拉克，不開前燈，但有綠或紫光照亮車內。通常三人一組行動，有時一人。

正常工作情況下，黑衣人竭力阻撓擴散有關飛碟現象的案情，他們遇到人時總要詳細盤問，然後把身上有關UFO的紀錄、底片、照片、分析結果、飛碟殘片等統統拿走。但有時為達目的，他們也會對人施加心理壓力，甚至還行兇殺人，但當然這是極為罕見的。

UFO專家認為，種種跡象顯示，「黑衣人」的存在是毋庸置疑

的，他們與人們接觸的事例早已不勝枚舉，筆者在1980年代參加日本政府舉辦的研討會時，晚上就曾經疑似被黑衣人跟蹤，但由於筆者並沒透露第一手資訊，都是第二手，所以黑衣人並沒直接與筆者接觸，因此我們沒有任何理由把這種接觸，說成是某種幻覺或有人想故弄玄虛。

既然他們的存在是確鑿無疑的，大家就必然會設法從理論上去解釋他們。有人把「黑衣人」說成是美國中央情報局的特工人員，這種假設曾一度廣為流傳。

在「黑衣人」出現的各個歷史時期，大家對他們的看法，會根據時代背景的不同而相異，先後曾把他們誤認為是「國際銀行家」、「共濟會會員」、「耶穌會會員」，以及最近的「中央情報局特工人員」等。但黑衣人早在這些馳名世界的情報機構創立之前，就已活躍在地球上了。

例如，在1897年，美國堪薩斯州曾有人看見一個「黑衣人」拿走了地上的一塊金屬板，不久，一架飛碟在此飛過，並扔下了一個東西，原來就是那塊被「黑衣人」之前拿走的金屬板。

1880年3月26日，美國新墨西哥州聖菲市以南的加利斯托・江克辛村有4個人看見一個「魚狀氣球」在他們村子上空飛過。有一個東西從「氣球」上掉了下來，他們趕緊跑過去一看，原來是一個瓦罐樣的東西，上面刻滿著潦草難認的象形文字。目擊者把這東西送到村中的一家商店。瓦罐在店裡展出了兩天，第三天，有一個自稱是收藏家

的人，出了一筆極高的價錢把它買走了，從此就再也沒人談起這個瓦罐了。

黑衣人到底是些什麼人呢？他們的目的何在呢？他們有什麼手段？他們來自何方？全世界的飛碟學家都在思考這些問題。

假設這些「黑衣人」就是外星人或是外星使者，基於一些無法理解的原因，這些人經常襲擊飛碟學者。而且外星人早已在地球上建立了基地，他們在某些地方降落，以便準備某項工作，或在基地留下一些人，負責監視地球。海底也有飛碟基地，外星人的飛行器便在這裡降落或起飛。

有些研究者認為，「黑衣人」不是對所有飛碟研究者或飛碟組織都反對，他們襲擊的對象，僅僅是那些偶爾「發現或查明了外星人在地球上活動的人」，至於那些研究外星人存在與否的人，「黑衣人」是不管的。這就說明了，為什麼有些人遭到「黑衣人」的干擾，而另一些同樣傑出的研究者，卻從未遇到長著「東方人臉形」的「軍人」的拜訪。

有些人認為，黑衣人雖然竭力反對和掩蓋飛碟來自地球的假設，但同時也鼓勵人們對飛碟來自地球外某個星球去進行探討。所以，如果一個目擊者給你送來一塊從飛碟上掉下來、無法辨認的金屬片的話，你不會遇到任何麻煩。可是，如果一個目擊者給你拿來一塊鋁片、鎂片或矽片，這些取自飛碟，卻不是地球上到處都可以找到的，那麼可能就會有黑衣人來拜訪你了。

　　十分有趣的是，很多研究者或機構丟失、損壞或神秘失竊的大量重要物證，恰好都與飛碟的來源有關。因此，古城特洛伊遺址發現者的孫子保羅・施利曼失蹤，是否與黑衣人有關？是值得探討的，因為施利曼是在準備宣布關於一萬多年前消失的亞特蘭提斯大陸驚人發現時，突然失蹤的！

◀圖1-16
筆者參加日本國際飛碟會議。

◀圖1-17
日本ＮＨＫ電視公司曾實況轉播。

49

英國政府的 UFO研究

很多國家都有大量關於不明飛行物UFO出現的紀錄和報告，雖然之前這些都被視為國家機密，不予公開，但目前各國都已經在相繼解密UFO檔案。

「2005年以前，英國公眾對於官方信息沒有確立的知情權。想要打開政府檔案，得等30年。自2005年英國政府的《資訊自由法》確立後，迫於公眾的壓力，政府才公布了UFO檔案。因為UFO檔案是民眾最想要國防部公開的檔案之一，排在前三位。」

數千份英國國防部「UFO部門」保存的絕密文件，詳細記載了由英國皇家空軍飛行員、英國航空公司飛行員、英國高級警官等報告的不明飛行物事件。

英國政府是少數官方公布UFO檔案的國家之一，2008年5月14日公布的解密文件中指出，一艘外星人飛船曾出現在利物浦上空，同時還有一不明飛行物盤旋在倫敦的滑鐵盧橋上空，這八份涵蓋了自1978到1987年的紀錄，是應UFO研究人員請求，在保護言論自由的名義下，由英國國家檔案館發布。

文件首次詳盡地披露了在倫敦上空所發現上百個離奇的不明飛行物。

　　文件公布後，比起外星人來訪，英國國防部更擔心這些不明飛行物是其他國家派遣的祕密間諜行動。

　　英國政府更在2008年10月21日公布第二批UFO目擊機密檔案，包括駐英美軍差點向不明飛行物開火、客機險與幽浮相撞，還有民眾目擊外星人駕飛碟降落地球後，竟說英語威脅綁架地球人，情節不輸美國著名影集《X檔案》。

　　英國繼5月首度解密後，第二度公開民眾通報國防部目擊幽浮的檔案。這批檔案共有19件，發生於1986至1992年，資料公布在英國國家檔案館網站（網址http://ufos.nationalarchives.gov.uk）。許多神秘物體，連官方也不得不承認是UFO。

　　以下例子都是取自英國官方資料。

1

案例一：客機
險撞UFO

1991年4月21日，義大利航空（Alitalia）一架客機要降落倫敦希斯洛機場時，機長札蓋帝駭然看到「類似飛彈、淺棕色或黃褐色、長約3公尺」的物體出現於航道，差點與客機在空中相撞。

札蓋帝嚇得大叫要副機師「看看外面」，副機師也親眼目擊，它最後以相隔客機305公尺的距離飛掠而過。機場塔台人員亦證實，在其螢幕看到有不明物體在客機後方。

經調查後，排除它是飛彈或太空火箭，軍方只好將它當作幽浮結案。

2

案例二：英國機場上空曾發現巨型UFO

1995年時，曾有人目擊一艘比足球場大20倍的巨型飛碟，在曼徹斯特的上空盤旋很久。

國防部的一名UFO專家曾據此畫下了草圖。他形容說，它是一個橢圓形的物體。有一個帶著弧度的前端，後端則有許多細小的噴氣孔。

繪製而成的模擬草圖和效果圖隨即送交英國國防部。

英國前國防部官員、曾在檔案部工作的尼克‧培普（Nick Pope）認為，以目擊方式無法準確描述這個巨型UFO的大小，而這個巨型UFO至今也一直是個謎。

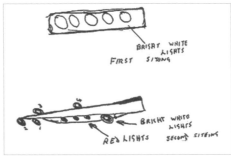

◄◄圖1-18
英國機場上空出現UFO示意圖。

◄圖1-19
巨型幽浮草圖。

▶ 圖1-20
一位不明飛
行物專家繪
製的效果
圖。

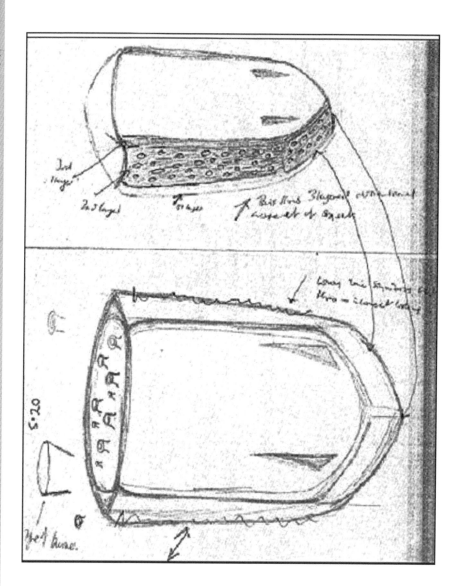

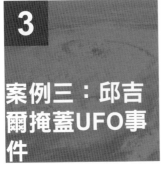

3

案例三：邱吉爾掩蓋UFO事件

英國首相邱吉爾在二次大戰期間曾下令掩蓋一起UFO事件。他擔心，披露這一事件會引起大眾恐慌，喪失宗教信仰。

在這起UFO事件中，一架英國皇家空軍偵察機遭遇到不明飛行物，於是一路尾隨。據稱，邱吉爾在跟當時任盟軍最高統帥的艾森豪將軍舉行秘密戰爭會議時下達命令，禁止報導這一起發生在英國東海岸空域的離奇事件，禁令時間長達50年。

此一事件是由邱吉爾一位私人保鑣的孫子揭露。他的祖父不小心聽到高層的討論內容，後來向他的家人披露了這一事件的細節。他的孫子於1999年時，致函國防部詢問這一事件。

在他所寫的一系列信件中描述，一架英國皇家空軍的偵察機和機組人員是從歐洲大陸返航時遭遇UFO的，他們在飛近英格蘭海岸時，發現一艘金屬構造的UFO正尾隨著他們。機組人員稱UFO在飛機附近盤旋，發出很大的噪音，機組人員並且拍下了UFO的照片。

邱吉爾與艾森豪對此一無法解釋的事件非常憂心，邱吉爾遂下令將此事保密50年甚至更長的時間。

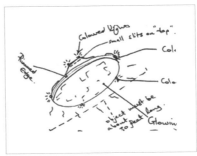

◀圖1-21
另一幅描述UFO效果圖。

55

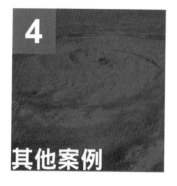

4

其他案例

如1997年在蘭開夏郡發現的「雪茄狀」的飛行物體，以及1980年時，在薩福克（Suffolk）皇家空軍基地附近發現的一個「奇怪的，會逐漸變大的東西」。

一位女士和她媽媽開車行駛在曼城附近的高速公路上時，她們看到了像一輛雙層巴士那麼巨大的物體出現在車的上方，控制了她們的車，她們記憶中失去了大約一小時的時間。她們回家特別晚，她的丈夫很擔心出了什麼事情。

確實是出了事，但她們不記得出了什麼事，這位女士依稀記得她被帶上了飛行器，還看到披著長髮、身著宇航服的生物在檢查她。

還有一個男子夜間驅車回家時，看到有亮光朝著車而來，霎時車被一束光線包圍，引擎無法啟動。他的手機也無法使用了。他越來越害怕，從車裡出來，在光線照射下走了一圈，感覺非常難受。突然，光線離開了，他也回了家。但到家後他大病一場，嘔吐，皮膚也過敏。

英國皇家學會（The Royal Society）曾舉辦民調，共有2,000多位英國民眾參與，其中44％的人認為，外星生命體確實存在於世界。有1/3的受訪者表示，應該與外星人「積極接觸」。

但是，在「究竟如何接觸」的問題上，受訪者的意見難以統一。

1980年冬，一隊英國皇家空軍奉命在薩福克郡，調查一架可疑飛

機墜毀事件，結果看見一個類似登月艙的飛行物，表面塗有奇怪的符號，以三足站立，隨後飛逝。調查人員測試該飛行物在地面留下的痕跡後發現，輻射指標是正常值的10倍。

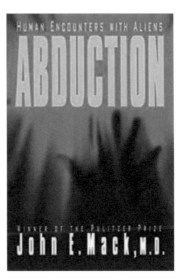

◀◀圖1-22 -巴得‧霍普金名著《時光空白》。

◀圖1-23 馬克醫師得獎書《外星人綁架地球人》。

日本政府的
UFO研究

2010年日本政府針對「UFO（不明飛行物體）是否存在，以及政府該如何面對外星人」等問題接受議員提問，並做出「UFO不存在，政府也沒有必要檢討相關因應措施」的官方答辯後，日本政壇陷入一片UFO熱。

▶ 圖1-24
日本政府的
公開發言。

　　不但有閣員公開表明「相信UFO存在」，防衛省大臣石破茂二甚至就法律層面詳細闡述，若UFO或著名怪獸電影的怪獸「哥吉拉」入侵，自衛隊應該援引何種法條出動。

　　石破認為目前並沒有具體證據能證明UFO不存在，但他也強調防衛省雖然從未檢討相關問題，不過他本身認為，還是應該預先設想各種可能性。他說，若UFO入侵日本釀災，在此情況下，自衛隊應可根據「災害派遣」名義出動。

　　他還有點無厘頭地舉日本怪獸電影中的「哥吉拉」或「魔斯拉」等怪獸為例，進一步表示，如果是「哥吉拉」來襲，一般來說應該也是屬於「災害派遣」，而「魔斯拉」的話，大致上應可比照辦理，而且UFO入侵是否算得上是「侵犯日本領空」，因為UFO到底屬不屬「他國飛機」還有待商榷，所以適用上可能會有問題。

　　另一方面，自衛隊依法若遭逢「他國急迫且不正當之武力攻擊」時，便可出動防衛，如果UFO降落時，一邊說：「各位地球人，讓我們一起和平相處吧！」就不能算是「急迫且不正當之武力攻擊」。

　　除了石破之外，官房長官町村信孝在日本政府首度對於UFO表明官方立場後，就率先跳出來，說他個人認為UFO絕對存在，否則就難以解釋南美秘魯的納斯卡線是怎麼形成的。

　　秘魯南部海岸高原上，以複雜線條描繪而成的各種巨大圖案，被稱為「納斯卡線」，圖案起源向來引發各種揣測。

　　其實，日本自衛隊早就有許多未公布的軍機與UFO遭遇事件，民

間UFO研究人員有獲得部分資料出專書進行探討，2010年7月，日本已退休、曾任軍團指揮官的佐藤守將軍出版了一本書，公布了日本自衛隊飛行員與UFO遭遇事件，這是日本首度公開的政府UFO資料，震撼了全世界。

▶ 圖1-25
日本兩本引
起震撼的書
籍。

第二章
希特勒、UFO與外星人

難以理解的第三帝國高科技

1

V-2飛彈及新型高科技火箭導彈

▶ 圖2-1
V-2飛彈。

V-2飛彈（代號為A4）是領先當時科技的新型武器，V是德文中復仇武器的縮寫，並非英文勝利單字第一個字母，所以不是勝利者飛彈。

V-2命中精確度，圓概率偏差有5,000公尺之多，可負載1,000公斤的高能炸藥彈頭，並射向300公里遠的目標，二次大戰期間，德軍從荷蘭海牙和德國本土發射了超過3000枚V-2飛彈，造成英國31,000人喪生。

1944年秋，世界著名的德裔火箭專家韋納・馮・布勞恩（Wernher von Braun）向希特勒提出了新型的遠端彈道飛彈開發計畫，射程可以達到美國東部，是德國賴以威脅美國的秘密武器。

此種新型導彈代號為A9/A10，是人類歷史上首次出現的雙層火箭，是一種

人為控制飛彈，也就是在大飛彈中裝一個小飛彈，在第二層火箭工作完畢時的速度可達3,300公尺／秒，借助導彈頭部巨大的彈翼，A9/A10在火箭燃料耗盡後還可以滑翔4,000公里以上，也就是大飛彈油料用完後，放出小飛彈繼續飛行進行攻擊。其射程超過5,000公里，足以攻擊美國東海岸的重要城市紐約和華盛頓。

不過由於難度過大，A9/A10的開發並不十分理想，1945年1月8日和1月24日，A9的兩次發射均失敗。

另一種德軍V1（Fi103/FZG76）飛彈，則是實用的巡航飛彈，長7.5公尺，展翼後為4～5公尺，彈頭裝500公斤烈性炸藥。最大飛行速度644公里／小時，最大飛行高度915公尺，最大航程322公里。

德國當時所發展的高科技巡航飛彈，速度可超過1,000公里／小時，這種高速是當時的盟軍所無法攔截的。

◀圖2-2
希特勒的新
型導彈。

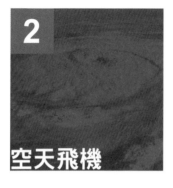

2

空天飛機

空天飛機是航空太空梭的簡稱，它即可航空（在大氣中飛行）又可航太（在太空中飛行），是航空技術與航太技術高度結合的飛行器。它像普通飛機一樣起飛，以高超音速在大氣層內飛行，加速進入地球軌道後，成為航太飛行器，返回大氣層後，像飛機一樣在機場著陸。

而二次大戰德國末日科技的最高傑作，便是這種空天轟炸機——銀鳥（S & auml; nger，Silverbird)。

空天飛機可以水平起降，單級高速入軌的高性能飛行器（SSTO），也就是類似目前科技所發展使用的太空梭。空天飛機可以像普通飛機一樣水平起降，借著自身的動力自行進入太空軌道，其高效率和低成本，都是現有的重量大的運載火箭和太空梭所難以相比的。

銀鳥空天轟炸機和V1飛彈一樣需借助長距離滑軌起飛。滑軌起飛其實和現在的垂直發射一樣，也是一些高速飛行器的有效起飛方式之一，長軌道會讓飛行器有極高的初速。

銀鳥空天轟炸機進入軌道後開始轉入平飛，飛行高度比現今的太空梭稍低，也就是大約距地表約90～100公里的高空。

銀鳥空天轟炸機的設計理念，在要求飛機充分利用超高速飛行中所產生的激波巨大能量，使飛機像海邊衝浪的人一樣，借著這股巨大的能量順利飛抵數千公尺之外的目標。

　　太空梭的速度雖快，但能安全打開貨倉，而銀鳥空天轟炸機則不能。原因是太空梭已經進入了真正的地球軌道，距地表110公里以上的高空，這也是當今發射衛星所必須達到的最低臨界高度，達不到的話，衛星將馬上墜毀，此時它雖像衛星一樣繞地球高速運行，但太空梭本身則幾乎是靜止的，加上又是失重狀態，當然可以安全打開貨倉了。

　　而空天飛機大部分時間都在高度稍低的亞軌道上，也就是距地表約90～100公里的高空，受地球引力的影響遠比高軌道上的太空梭要大（因沒有失重）。當然，空天轟炸機也可以像太空梭一樣進入真正的地球軌道，不過這時投下的炸彈，也就會在失重狀態下成為一顆「人造衛星」了，也許要幾年的時間，才能重新落回地面。

　　銀鳥空天轟炸機的設想雖然說有些破綻，但在科技遠不如今天的60年前，也是可以理解的，畢竟當時的人還有太多東西還在摸索。

　　美國NASA驗證了以前德國人許多未能完成的優秀設計的可行性，結果大都證實了德國設計的正確性。面對這樣的結果，美國科學家不得不承認：

　　25年前那批優秀的德國人憑藉著優秀的頭腦，其勇於創新的探索精神，遠遠走在了時代的先峰。但也正進一步說明納粹在末日將近的時候，還在研製這些在當年幾乎不可能實現的超級武器！

◀圖2-3
希特勒。

3

原子彈

在二次大戰時，納粹德國與同盟國之間激烈的高科技競賽中，德國差一點就製造了第一顆可實用的原子彈，納粹領導人甚至在投降前三週，曾討論過與同盟國展開小規模核子戰爭的方案，如果當時德國使用原子彈，那麼納粹德國科技史、甚至歷史也將重新改寫，第二次世界大戰戰史也就必須加入新的內容。

1940～1941年「鈾」相關的研究正蓬勃發展，當時德國便集合了物理、化學研究領域頂尖科學家研究核分裂。早在1937年，德國在原子能領域即領先了世界的科學家，已經成功分裂了原子，但他們並不知道，原子分裂作為武器的真正意義。

1933年，愛因斯坦被迫離開德國到美國，納粹德國侵吞波蘭後，開始禁止鈾礦石出口，並從比利時殖民地剛果進口鈾礦石；1940年接管挪威渥馬克電解水工廠，生產重水；1942年希特勒下令生產特種炸彈；1942年6月，德國萊比錫原子反應裝置發生爆炸，但原子彈計畫也進入了突破階段，曾獲諾貝爾獎的海森伯格當時曾經告訴丹麥著名物理學家波爾，確信德國能夠造出原子彈，後來美國也得到了技術，搶先生產原子彈，但德國才是原子彈研發的鼻祖。

第三帝國與神秘主義

二次大戰前後，中國的西藏遠離戰區，雖然沒有捲入戰火，但並沒有逃過納粹德國的占領目標。1938年和1943年，納粹黨衛軍頭子希姆萊（Heinrich Luitpold Himmler）親自組建了兩支探撿隊，他們深入西藏，尋找「日爾曼民族的祖先」——亞特蘭提斯古文明神族存在的證據，尋找能改變時間、打造「不死軍區」的「地球軸心（中心）」（center of the earth）。

◀ 圖2-4
希姆萊（Heinrich Luitpold Himmler）。

1945年，當時蘇聯軍隊攻進德國柏林後，在德國帝國大廈的地下室裡，發現了一名被槍殺的西藏喇嘛，事件震驚了全球，這一切都使納粹在西藏的秘密行動成為二次大戰中一個難解的謎團。

希姆萊崇信神秘力量及神秘主義，曾成立組織「德意志研究會」（Ahnenerbe）前往世界各地，包括西藏和黑森林等地，尋找所有有關「雅利安超人」的祖先和聖杯的蹤影，並對占星術（即漢堡學

派）、黑魔術等成立組織研究。希姆萊的目的是想藉由神秘主義打造「神族部隊」。

1933年，希特勒掌權後，大肆鼓吹種族優越論。希姆萊在組建黨衛軍之初也明確規定，只徵召那些身高在5呎9吋（173公分）以上、金髮碧眼、受過良好教育、具有純正雅利安血統的年輕人。在選拔黨衛軍軍官時，一個最基本的條件是，要求被選拔者能夠證明自己的家族自1750年以來未曾與其他種族通婚。為印證元首的理論，希姆萊在1935年組建了一個服務於納粹教義的「祖先遺產學會」，網羅了包括醫學家、探撿家、考古學家，甚至江湖術士、精神病患者在內的各色「專家」，對人種、血統、古代宗教、古文明遺址、神話傳說等進行考察研究，到戰爭結束時，該學會已發展成為一個擁有40個部門的龐大機構，它不僅對猶太人進行活體實驗，還透過占卜、占星等手段指導德軍的軍事行動。

在歐洲，長期流傳著一個關於亞特蘭提斯的傳說，傳說中，亞特蘭提斯大陸非常富有，那裡的人是具有超凡能力的神族。

相關的文字描述，最早出現在古希臘哲學家柏拉圖的《對話錄》中：「12萬年前，地中海西方遙遠的大西洋上，有一個令人驚奇的大陸，被無數黃金與白銀裝飾著，出產一種閃閃發光的金屬──山銅，有設備完好的港口及船隻，還有能夠載人飛翔的物體。」

在一次大地震後，這塊大陸沉入海底，一些亞特蘭提斯人乘船逃離，最後在中國西藏和印度落腳。這些亞特蘭提斯人的後代分別成為雅

◀圖2-5
亞特蘭提斯
古文明。

利安人和印度人的祖先。一些納粹專家宣稱，亞特蘭提斯文明確實存
在，並認為雅利安人只是因為後來與凡人結合才失去了祖先的神力。

　　希姆萊深信，一旦證明雅利安人的祖先是神，只要借助選擇性繁
殖等種族淨化手段，便能創造出具有超常能力的雅利安神族部隊。

　　希姆萊為了調查藏族人的體貌特徵及尋訪先祖遺民，1938年奉命
派遣以博物和人類學家為首的「德國黨衛軍考察隊」前往西藏，這支
隊伍還包括植物學家、昆蟲學家和地球物理學家，依當時所拍攝的記
錄片《西藏秘密》顯示，他們受到了不瞭解目的的當地首腦的款待。

69

　　但是，這群黨衛軍成員並沒忘記他們此行的任務，不僅測量了很多西藏人頭部的尺寸，並將這些人的頭髮與其他人種的頭髮樣本進行比對；還透過被測者眼球的顏色來判斷其種族的純淨度；為保留資料，這些納粹分子用生石膏對十幾個藏族人進行了面部和手的翻模，製作了這些人頭部、臉部、耳朵和手的石膏模型。

　　這次考察中，隊員們還從當地人口中得知有一個名叫「香巴拉」的洞穴，據說隱藏著蘊含無窮能量的「地球軸心」，誰能找到它，就可以得到一種生物能量場的保護，做到「刀槍不入」，並能任意控制時間和事件的變化。

　　1939年8月，考察隊回到德國，受到希姆萊的熱烈歡迎，為了尋找「地球軸心」希特勒派遣一支特別行動小分隊，前往西藏香巴拉洞穴，找到那個能夠控制全世界的「地球軸心」，然後派數千名空降兵，打算塑造一個「不死軍團」；與此同時，期待可以顛倒「地球軸心」，使德國回到1939年，改正當初犯下的錯誤，重新發動戰爭。

　　為此，希姆萊與希特勒密談了6個小時，還向希特勒遞交了一份2,000頁的報告，其中的一張地圖標示出了香巴拉的大致位置。

　　1943年1月，由哈勒率領的納粹5人探險小組，秘密啟程赴西藏。曾是職業登山運動員的哈勒，是一名出生在奧地利的納粹分子，在一次瑞士舉行的登山比賽中，哈勒一舉奪冠，充分展示了雅利安人的「優秀品質」，受到希特勒的親自接見並與其合影留念。但這次哈勒等人的旅程並不順利，1943年5月，他們在印度被英軍逮捕。

在幾次越獄失敗後，哈勒等人總算成功逃出戰俘營。由於當時的英國印度總督派駐西藏的官員理查森對德國人採取了寬容的政策，冒充德國商品推銷員的哈勒遂開始了他在西藏的7年之旅。

沒有人能夠說清楚哈勒和他的探險小組去了什麼地方；有荒唐的傳說稱他們最終找到了「地球軸心」，但不知道怎樣操縱，哈勒手下的3個同伴也不知去向，因為直到戰爭結束時，哈勒的探險小組中只剩下他和希姆萊的心腹彼得・奧夫施奈特。

1948年，哈勒在拉薩成為達賴喇嘛的私人教師和政治顧問。1951年西藏淪至中共手中時，哈勒倉皇逃往印度，為逃避審判，他選擇了定居列支敦士登。此後，哈勒與達賴長期保持著密切聯繫。

1977年，當一些知情者揭露了哈勒的納粹分子身分後，達賴竟然在一個記者招待會上公開為他的這位「恩師」辯護，後來哈勒撰寫了回憶錄《西藏七年》，但在書中並沒有透露他受希姆萊之命秘密尋找「地球軸心」，以及納粹分子的真實身分。

目前，按照德國官方的說法，納粹第一次進入西藏所拍的記錄片，在1945年科隆大火中被燒毀，哈勒1951年從拉薩回到奧地利時，隨身攜帶的大量檔案被英國人沒收，哈勒本人也已去世。納粹進入西藏的檔案保密級別較高，按德國、英國和美國的規定，有可能在2044年後解密，也有可能永遠塵封在歷史中。

不過有一點可以確定的是，希特勒與神秘主義脫離不了關係，而且可能與外星人有關，因希特勒也研發過UFO。

改變地球歷史的外星人
人類起源與星際文明大解密

納粹與UFO的研發

　　1943年9月，美國空軍第八集團以空前規模的700架重型轟炸機，轟炸位於德國施瓦因福特的歐洲最大軸承廠，為轟炸機群護航的是英、美的1,300架戰鬥機。

　　戰鬥空前激烈，盟軍被擊落轟炸機60架，戰鬥機111架，德軍損失飛機近百架，令人驚異的是，在這場規模空前的大轟炸中，當盟軍的轟炸機群飛到德國的軸承廠上空時，竟突然出現了一對閃光的大型圓盤飛行物。面對雙方上千架飛機的猛烈炮火，卻絲毫沒有受到損害，這就是納粹帝國另一秘密武器：UFO。

　　1940年末，納粹德國成立了一個名為「爆破手研究室－13」的秘密機構，其任務是專門研究、製造秘密飛行器。該秘密機構網羅了第三帝國最傑出、最優秀的專家、工程師和試飛員等頂尖人才，在德國軍方協助下，終於製造出了一種最先進的碟形飛行器——「別隆采圓盤」。

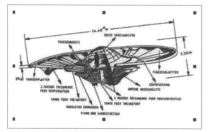

◀圖2-7
別隆采圓
盤。

　　「別隆采圓盤」採用了奧地利發明家維克托・舒柏格研製的「無煙無焰發動機」。此發動機的工作原理，是運轉時只需要水和空氣，在飛行器的周圍共裝置了12台這種發動機。它噴出的氣流不僅為飛行器提供了巨大的反作用力，而且也可用來冷卻發動機。由於發動機不斷大量地吸入空氣，因此在飛行器上空造成了真空區，從而為飛行器提供了巨大的爬升力。

　　1945年德國空軍也已經到了窮途末路的地步，但是他們還在做著最後一搏，並企圖利用新式武器來挽救第三帝國的滅亡。

　　德國秘密機構「爆破手研究室—13」製造的「別隆采圓盤」，更是在分秒必爭下做最後的衝刺。

　　2月19日，這架耗資數百萬的飛行器終於進行了它第一次也是最後一次試飛。令人震驚的是，在短短的3分鐘之內，爬升到了15,000公尺的高空，平均飛行速度高達2,200公里／小時。同時它還可以懸停在空中。無需轉彎就可以任意向前或向後飛行，與飛碟飛行方式雷同。

▶圖2-8
納粹與
UFO。

伴隨著第三帝國的滅亡，這架當時世界上最先進的飛行器，在戰爭即將結束時，德軍有關部門按照德國陸軍元帥隆美爾的命令，把「別隆采圓盤」炸毀了。儘管蘇聯紅軍在

攻克柏林後很快控制了位於布雷斯勞（今弗羅茨瓦夫）製造「別隆采圓盤」的工廠，但等紅軍趕到時，卻什麼也沒有得到。

　　後來資料大多被銷毀，專家也失蹤了很多，盟軍沒能得到太多資料，也就永遠成了謎團。

◀圖2-9
試飛的希特勒UFO。

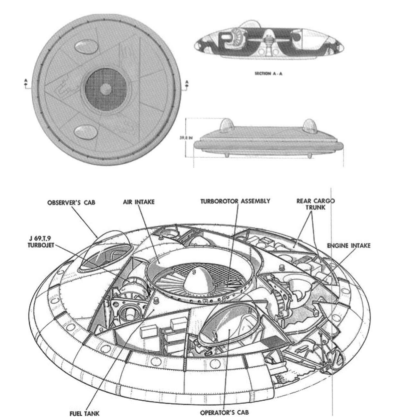

SECTION A - A

59.0 IN

OBSERVER'S CAB　　AIR INTAKE　　TURBOROTOR ASSEMBLY　　REAR CARGO TRUNK

J 69,T,9 TURBOJET

ENGINE INTAKE

FUEL TANK　　OPERATOR'S CAB

◀圖2-10
UFO各面結構。

◀圖2-11
UFO細部結構。

75

改變地球歷史的外星人
人類起源與星際文明大解密

▶ 圖2-12
UFO的構造
示意圖。

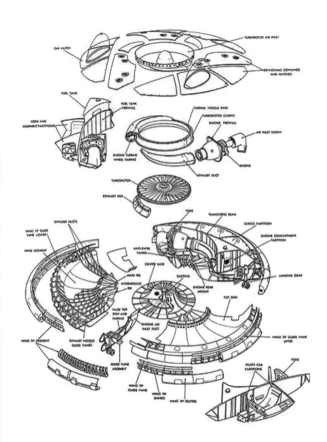

納粹的南極地下都市

◀圖2-13
雅利安城。

20世紀下半葉，在一本《飛碟：納粹的秘密武器》書中描述到，在柏林陷落的最後時刻，希特勒並沒有服毒自殺，而是與他的最後一支部隊登上潛艇，逃到阿根廷，然後輾轉來到南極一個通往地殼深處的洞穴所建立的飛碟基地——雅利安（梵文：âryâ，「高尚」之意）城。

1945年德國戰敗後，盟軍在接受德國海軍投降時，發現有54艘德國潛水艇和6,000多名技術人員以及科學家，竟然從納粹的海軍中離奇失蹤。美國軍方推測，納粹德國很可能在南極建立了秘密基地，納粹德國的這些科學家和潛水艇極可能被秘密轉移到了南極。

這個猜測雖然令人難以置信，卻也並非空穴來風，因為在二次大戰爆發前一年，也就是1938年，納粹德國就組織過南極考察隊，登上了南極大陸，並由飛機上丟下了2,000多面納粹萬字旗，宣稱南極是德意志第三帝國的領土。在考察中，他們詳盡記錄了南極大陸的地理水文等資料。

　　希特勒當時應已得知地球是中空的，南極有一入口直通地心空洞處（有關此方面資訊請參考筆者的另一著作《地球空心論》，采竹文化出版）。

　　二次大戰期間及戰後美國海軍也曾執行南極探險計畫，尋找「雅利安地下城」，因有3名美國士兵在執行「高空降落」南極特別行動中，於一次暴風雪裡乘坐「喬治一號」飛機在南極上空進行拍攝和探險任務時，墜毀在一座山中，當時機上共有9名機組人員，其中3人身亡，6人生還。

　　幾十年來，「高空降落」行動一直是最高軍事機密之一，直到今天，美國軍方對該次行動的官方解釋，仍然是「前往南極尋找礦藏和其他貴重資源」，而事實上，美軍此行的真正目的，卻是為了到南極去尋找傳說中的納粹南極地下城。

　　1946年12月，美國海軍派遣了一支由40艘艦船組成的大型艦隊和飛機前往南極，艦隊中包括海軍旗艦「奧林匹斯山號」、航空母艦「菲律賓海號」、海上飛機運輸艦「松海號」、潛水艇「參議院號」、驅逐艦「布朗森號」、破冰船「北風號」和一些油輪、運輸船等。這支特種部隊總共有1,400多名海軍官兵和水手，船上還載有3支專門在冰天雪地中行走的狗拉雪撬隊。

　　這次探險，美國海軍拍下了記錄影片。此一工作小組有拖拉機裝備、炸藥和各種工具，負責在南極建造一個名叫「小美洲」的空降基地——即在冰天雪地中開闢出一個小型飛機場跑道，可以使6架R-4D

（DC-3）飛機和2架水上飛機順利降落。

　　這種R-4D飛機裝備噴氣自助起飛瓶，可以使飛機在跑道較短的「菲律賓海號」航空母艦上快速起飛。此外，這種飛機還裝備有一種特製、專門適合在冰上降落的「雪撬裝置」。

　　海軍少將理查德・伯德領導的小組則負責6架R-4D飛機的駕駛和勘測工作，每架飛機上都裝備有間諜照相機和一部磁力追蹤儀，任務是要在僅有3個月的南極夏季，測量完大部分的南極大陸，記錄磁場數據。如果南極冰層表面下存在神秘「空洞」，那麼這種儀表便能立即將其顯示出來。

　　美軍R-4D飛機和其他海上飛機在南極上空進行了無數次「探測行動」，但探測和記錄的內容至今仍然是謎。

　　在「探測行動」中，海上飛機「喬治一號」在南極上空神秘墜毀。曾經有記者採訪了其中一名倖存者，他回憶了那次飛機墜毀的過程，當時他們正在那片未開發的處女地上做長途飛行，天氣突然變了，飛機在暴風雪中失去了高度，只得掉頭返回基地。可是飛機不停地失去高度，最後撞到一座山頂。飛機被撞得彈了出去，但竟沒有撞毀！接著又奇蹟般地迅速爬高，可能這個速度對於飛機來說太快了，於是，機體在空中解體。這位倖存者被拋出了駕駛艙，掉到了山上的積雪中。後來也找到了另外兩名戰友，他們都只受了點輕傷，甚至連骨折都沒發生！

　　當時由飛機墜毀處曾傳來呼救聲，發現一位伙伴渾身著火，被困

在飛機座椅上，他們趕緊將他拉了出來，但他已被嚴重燒傷。幸運的是，南極冰冷的天氣救了他的命，傷口沒有感染惡化。因為有一名伙伴在出發前偷偷在飛機上藏了兩大罐花生醬，這下它成了大家的「救命食物」，平時大家靠這些花生醬果腹，而花生醬上漂浮的油沫，則成了醫治傷口的良藥。

在那次飛機事故中，共有3人死亡。倖存者們將3位伙伴的屍體埋葬在冰雪下，等待著救援人員。美軍飛機14天後才發現了他們，一架飛機空投下一張紙條，告訴他們14哩外有一片救援飛機可以降落的空地。倖存者為無法行動的傷者做了一個簡易雪撬，花了24小時才終於抵達獲救地點，最後6人順利生還。

據事後披露，在「高空降落」行動中，發生了一系列的「怪事」，使這次的「絕密」行動蒙上了一層神秘的色彩。

首先，一組勘察人員在300平方哩的一片南極冰原上，發現了3個巨大的湖泊及無數的小湖泊，湖水十分溫暖，水中長滿紅色、藍色和綠色的藻類，探察人員裝了一瓶水帶到基地進行研究，發現湖水有鹹味，顯然這些湖泊與海洋相連，也就是說，潛水艇很容易從大海進入南極冰層深處。在美軍以為是納粹「南極地下城」的地方，也有一些類似的溫水湖泊。據說美軍在這些湖泊旁發現了一些神奇的事物，但具體是什麼，外界不得而知。

在最後一次「勘測行動」中，6架R-4D飛機同時出動，每架飛機都按預訂的路線探測了磁場數據後返回。奇怪的是，儘管它們的飛行

線路差不多一樣長，但海軍少將理查德‧伯德的飛機卻比其他飛機晚了3個小時才回來，並且飛機像被洗劫過一樣，幾乎空空如也。

據稱，伯德將軍在飛行途中發生了「引擎故障」，為了保持飛行高度，只好靠滑翔返回「小美洲」基地。為此，也不得不扔掉機上除膠卷之外的所有東西。

此後，有關伯德將軍在南極洲遇到了納粹雅利安城居民的說法卻不脛而走，甚至有消息稱，這是伯德將軍親口說的。據伯德所說，在南極執行任務時，他曾看到某種不明物體，以令人難以置信的速度從他的飛機前掠過。

美軍南極「高空降落」行動在種種神秘猜測中突然結束。當時，所有有關南極的數據和照片都成了美軍的「最高機密」。

不久後，發起這項「南極探險」行動的美國海軍部部長詹姆斯‧福雷斯特爾退休。退休後的一天，福雷斯特爾突然疑似「精神失常」，向朋友們胡言亂語，他的談話中包括了南極洲地下存在著秘密的雅利安城等。

1949年5月，被認為有「精神問題」的福雷斯特爾被送往馬里蘭州貝塞斯達的海軍醫院精神病房。不久，美軍稱福雷斯特爾在病房中試圖用床單上吊時，不慎掉到窗外摔死，美軍軍方將他的死因判定為自殺，此案不了了之。

南極洲地下是否存在著秘密的雅利安城，終究無法得知。

第三章
令人費解的古文明與美國蒙托克計畫

　　蒙托克（Mnotauk）計畫是美國一項重要研究，官方的資料是由1971年8月15日執行至1983年8月12日，此一期間是在美國紐約蒙托克的「英雄營」空軍基地，宣稱曾經展開了一些機密的實驗項目，並有所謂「M檔案」。

▶ 圖3-1
蒙托克計畫
負責人托斯
拉。

　　蒙托克計畫是由近代物理學教父，也是交流電發現者特斯拉（Tesla）總負責，成立於1941年前的秘密專案研究基地。

　　主要研究範圍包括：時空旅行（time travel）、時光隧道（time tunnel）、心靈控制實驗（mind control）、毒化信仰計畫及實驗（programming gandde, programming

▶ 圖3-2
蒙托克外面
的告示牌。

experiments）、遠程傳物（teleportation ），（透過時光隧道）接觸異類外星人、（毀滅非洲的）愛滋病病毒、黑衣人、UFO裝置研究等。

事實上，蒙托克計畫目前仍在進行，蒙托克計畫是從一個時間旅行的費城實驗分支所發展出來。在20世紀40年代內前後納粹醫生加入中央情報局，而政府對發展心智控制的方法也感到興趣。

蒙托克計畫延續使用德意志帝國的研究，若將個人處於快進入感官極度刺激的狀態時，粉碎他們心智，將創造全息的改變（D.I.D）。這些改變將提升個人的精神力，例如心靈移動（telekinesis）、懸浮（levitation）和心電感應（telepathy）。像計算機一樣可編寫程式，政府藉由編程心智來改變人類，以便取得超人才能。這些人被送到各種各樣的秘密任務與時間旅行實驗的入口和旋渦。

蒙托克計畫中的M檔案，有許多古文明的研究成果，而且與人類起源與生命來源有密切關連。

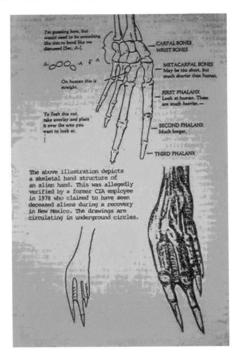

◀圖3-3
蒙托克計畫解剖「灰人」手素描。

85

來自天空與其他時空的生命體

幾千年來，地球上不同文明中的神話與傳說，都曾提到地球人類與來自不同時空生命體的關係。

文藝復興之後所興起形而上學掌控了西方社會，其思想是將人類視為萬物之靈，與其他形式生命相互隔離而高高在上。

與這一思想完全相反的是，世界上仍有許多人經常以不同方法和非人類生命體與無形界相互溝通，這類溝通所衍生出來的所謂「神話」，並不包括在現今西洋文化哲學領域之中，因而自成理論，各領風騷。

歷史上有很多社會學家察覺到，無形的意識與冥想遠比西洋文化所擁有的一切更有影響力，它有如篩子、接受器或轉換器，可以藉由某種力量，與肉眼看不到的領域相互溝通。而同一時代的西方式教條，卻使人類孤立於宇宙，只讓地球人類彼此相互親近，事實上這是以管窺天，是不正常的行為。

幾個世紀以來，經常有報導指出，人類曾與許多神、靈魂、天使、神仙、惡魔、食屍鬼、吸血鬼以及海怪等相遇。而這些現象依不同企圖、動機以及目的，而產生各種下令、指揮、侵襲或與人類和平相處的結果。

　　雖然這類生命體有些存在我們的故鄉——地球上，但大多數卻是由其他星球或時空過來的。對非人類而言，天空是很受歡迎的居住環境，他們到達地球，並表示其他不同時空領域是多采多姿的。

　　在馬紹爾群島（Marshall Is.）的土魯克島（Truk），當地的土著一直相信有與我們現代的外太空觀念類似的另一個外世界，此一世界充滿著神秘與力量，也是我們這個世界所存在的人類生命的發源地。事實上，我們這個世界的人類與另一個精神世界的生命之間，一直存在有相互溝通管道。

◀圖3-4
馬紹爾群島的土魯克島。

◀圖3-5
霍皮印地安人有許多奇妙傳說。

　　同樣的，住在美洲的印地安先住民霍皮人，也流傳著曾被來自其他星球的生物「卡其納」指導過（註：霍皮人，Hopi住在美國亞利桑納東北部，納瓦霍居留地中部和多色沙漠邊緣，其來源仍是一個謎）。這些外星球的生物傳授霍皮人農業技術，教導他們哲學與道德規範，而形成所謂「霍皮文化」。

　　愛爾蘭人也相信神仙與一般神話都不是源自地球，而是由其他星球來的。神仙利用類似雲的空中飛船在天空航行，這些飛船也叫作

「神仙船」或「幽靈船」。

　　許多神話學家曾詳細的敘述了天空與地球之間一些具有象徵意義的差別，而這些差異正足以說明人類與精神世界間的隔離與關連性。

　　依照神話學家的研究，全世界各地的神話內容都非常雷同，主要是描述古時候地球與天空間的關係。在伊洛帝摩的神話中，神降到地球來並與男人交往，而地球上的男人也藉由爬到高山上，攀樹蔓或梯子，甚至被鳥帶著，就可上到天界去。

　　神話與歷史學家解釋說，從這些亞森欣島的神話中可以看出，古時候地球與天空是相連接的，而這類神話也在許多種族間流傳著，並且經由游牧民族與定居文化的先民加以改良、發揚，再傳播到古代東方都市文化中，流傳這類神話的古代種族，包括了澳洲民族、中非洲小黑人以及北極區的種族等。

　　當天空與地球突然間隔開，連接地球與天界的葛類植物被砍斷，或是用以接觸天空的高山變平坦時，就代表著與天界來往的時代結束，人類就成為現在的情況，再也無法和天空、天界來往。

　　事實上，由這些神話中可以看出，原始人類享受各種幸福與自由自在。但很不幸的，自從地球與天空分開以後，人類就喪失了這種福氣。也就是依照神話中所描述的，天界與地球有了斷痕，於是造成道德淪喪與墮落，以往的自發自主性，飄升天空的能力，很容易與神相見面，以及與動物做朋友，並懂得牠們的語言等現象完全消失。一切歸於最原始，人類的墮落伴隨著宇宙的分裂導致了這些現象，而人類

卻將此種情況視為一種現代科學本體論突變後的自然現象。

　　在每一種文明當中，只有像巫師那種特殊的人才能繼續在天界與地球，以及人類與精神世界之間來往自如。

　　歷史上許多有古老文明的種族，在他們的神話時代都描述著人類很簡單就能登天，如中國的嫦娥、印度吠陀經（Vedas）中的故事。巴西的古代傳說中也認為，對於巫師而言，天空不比房子高，所以只要一瞬間他們就可到達天空。

◀圖3-6
印度吠陀經中有古文明故事。

　　許多神話、傳說或故事都提到有能力飛到天空去的人類或超人，這些人並且能夠在天空與地球間自由來往。人類能夠飛翔與升天這一論點，可以在不同層次的古代文化中得到證實。

　　對於巫師進行的儀式以及各種神話內容，在古代文化中都有詳細記載。當時社會中，巫師以外的人們欣喜若狂的神情也是另一項證據，因為這些人不會故弄玄虛，而可以由他們熱心的參與宗教經驗中，再次證明與精神界的來往是有可能的。許多與精神生活有關的象徵與表現都是高智慧力的呈現，並與「飛翔」或「翅膀」相關連。在任何情況下，他們與宇宙都可以溝通……透過飛翔，並能獲得「超然存在」與「自由」。

　　近代所發生的所謂「外星人綁架事件」，似乎是古代升天及與外

星球溝通的一種延續行為，只是外星人綁架事件與其所造成的影響，具有他們獨有的特點而已。一些神話學家曾比較過，現代外星人綁架事件或經驗與其他空中及綁架現象之異同，並暗示在所有的UFO經驗與特殊的遭遇案件的背後，都存在著高智慧、精神層面、能量或意識力，它們能調整綁架現象的方式，以適應不同時代環境的變遷。

人類古歷史上曾描述發生在空中不尋常的目擊現象，這些現象有光、生物或不明物體等，遠古時代飛翔在空中的物體有飛車、雙輪戰車、會飛行的宮殿，這些物體不但會發出亮光，而且能在天空移動，也有許多提到三角型發出火光的盾形物。在歐洲歷史中也常出現燃燒的十字架，而環繞著不尋常物體的是雲或雲狀光線，當然也包括今天所說的UFO在內。

也有一些自然出現在空中，與發光的宗教相關景觀，而這些現象常被上千人所目擊。就在離現在沒有多久的19世紀，美國就有許多人目睹了帆船與小艇這類船在天空航行。

科學家對1890年代末期空中飛船目擊事件做過詳細研究之後，推論到時常在美國上空出現的「車船」，可能與同一時期的UFO有關，只是依照不同時代的科技與神話背景，用語與形容有所差異而已。

依照一位曾研究過外星人綁架事件多年的心理學家的解釋，在過去一萬年間，有許多與「UFO相關」的現象被記錄下來。最早的是在舊約《聖經》中木刻板上的〈以西結書〉，其中描寫著許多車船、天使、光以及雲等景觀。

90

　　在14世紀的羅馬、希臘與中世紀時代，也描述著很多天空異常現象。這些異常看起來就像星星、空中的火球、十字架、光線或是光芒，天空怪物常很快消失，只留下一些記號而已。通常這些空中現象都有上千人目睹，並被解釋成一種「奇蹟」。這類目擊現象常能完全符合目睹者所寄望的精神信仰。

　　在大多數文明歷程中，人類能進入另外一度空間的現象也有一段很長的歷史。西藏人一直相信，人類有時可以離開物質、實體態的肉體，以一種「離開肉體」的狀態，到處游動幾小時或幾天。「他們經歷過許多不同地方，然後又回來」。

　　西藏人可以區別出不同層次的物質或是整體的生命密度，但另一無形生命層次卻顯得更為活躍。接下來的，便是一個良好的機會可以和另一種生命溝通，有時候甚至能夠看到，而這些生命是比我們的心智或肉體層次更高級的。

　　14世紀時期，發生在空中的不明物體大都伴隨著人類形體（尤其是女性）一併出現，並依許多不同轉換方式而展現，所以由地面仰望天空，看到的物體都有不同的外觀。

　　目前飛碟研究員常將UFO綁架事件歸類在範圍廣大的超感覺經驗之內，還包含了臨死經驗，以及對各種生命現象的遭遇，如巫婆、神仙、狼人等。而這類遭遇現象對個人而言，將導致對價值觀與行為上實質的轉變。

　　問題是，這些遭遇事件發生的地點以及為何會產生，當然仍是沒

有答案。甚至對於要如何架構這些UFO綁架事件，都有很大的爭議。

　　就UFO本身所含的神祕性來說，在許多方面雖然具有獨特性，但也與其他不可思議的轉移經驗很類似，這些經驗以往是發生在巫師、神秘主義者以及曾與超感覺相遭遇的普通人身上。在這些經驗範圍之中，個人正常的知覺意識已產生實質的變化。遭綁架者已進入一種非正常生命狀態，最後的結果將導致自我的重新整合，深深地跌入深谷，甚至是以往無法達到的知識領域中。因為科學教育告訴我們，外星人綁架事件是不可能的，是超乎所謂實證科學範圍的。但其實，現代版的外星人綁架事件，事實上就是古代天人溝通的翻版呢！

諸神的城市

火星上有許多不可思議的古文明遺跡,有人認為地球上的文明來自火星,火星上的高等生物來到地球則有如神一般(因擁有高科技),這些火星人在地球上建造了一些古文明遺跡,也就是諸神的城市。

北緯19.5度,也就是1997年7月,火星探險者號著陸之處,科學家在此處及火星賽多尼地區的金字塔和墓堆中發現了數學 ϕ、π、e、t 之值,和2、3、5的平方根;幾位美國火星研究員不相信這和發現於地球幾個考古遺跡內的相同幾何只是巧合而已(且相同的緯度偏向在兩個弧之內)。

◀ 圖3-7
火星上金字塔遺跡。

93

▶ 圖3-8
火星人面岩
附近地形
圖。

在墨西哥山谷，即太陽金字塔古城（Teotihuacan），原意為「人類變成神的地方」，靠近北緯19.5度，非常接近現代墨西哥城，確實有個令人驚異的古老遺跡（不知其起源和確實年代），可以由3個巨大的金字塔——太陽金字塔、月亮金字塔、庫滋克特（Quetzalcoatl）金字塔眺望長達4公里的「死亡之路」。

哈勒斯登（Hugh Harleston）二世（是一位自1940年代便沉迷於中美洲的土木工程師），他在1974年於41場美國的國際會議裡，發表其引發爭議和革命性的太陽金字塔古城研究。

經過30年的計算和超過9,000次的實地測量，哈勒斯登二世意外

　　發現未為人知的太陽金字塔古城測量系統──他稱之為STU，即「標準太陽金字塔古城單位」。這單位相當於1.059公尺。

　　一位古測量學專家約翰・麥可對STU的看法是：

　　哈勒斯登也認知此單位的重要性，1.0594063公尺相當於3.4757485呎的「猶太人的竿子」，也相當於英國古文明遺跡，圓形巨石（Stonehenge）橫木的寬度，是地球兩極半徑的600萬分之一，以及地球平均圓周的3780萬分之一。

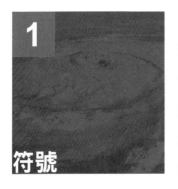

1

符號

哈勒斯登發現到，太陽金字塔古城的結構測量以及特殊結構間的距離，是由一組STU數字支配——即知名的9、18、24、36、54、72、108、144、162、216、378、540和720STU。例如，太陽金字塔的底邊一邊長是216STU，月亮金字塔的底邊一邊長是144STU，太陽金字塔中心位於月亮金字塔中心南方的720STU處。

這組數字有趣之處是，如科學歷史學家吉歐里歌‧聖地蘭那（Giorgio de Santillana）和哈薩‧蒙‧弟恰得（Hertha Von Dechend）於他們的大作——哈姆雷特的工廠（哈姆雷特碾粉機Hamlets Mill）所提到，它持續於世界各地的古神話和神聖建築中重複出現，這些專家也說這組數字源自於歲差的天文現象。

簡言之，這便足以提醒大家，在地球的軸心有微小的晃動，此晃動有25920年的周期，若以地球為看台觀察星星，在測定方位上無可避免地會有些微的變化，這將改變星星出現的方位測定。

最知名的效應就是春分，在北半球的3月21日，太陽於此特殊日子升起，黃道十二宮顯現非常慢的運轉，此運轉的是每72年轉1度（因此，轉30度要2160年），黃道十二宮的每一宮傳統上分占黃道的30度（被視為太陽每年的「路徑」），每一宮於至日將「占住」太陽2,160年（12×260＝25,920年，即完整歲差周期）。

　　這些數字和計算構成古代符號的基本要素，我們稱之為「歲差符號」，和其他深奧的數字系統相同，此符號可以轉成小數點，並可用於可理解的結合、排列、乘法、除法和某些重要數字的分數（所有這些運算都與歲差比例有關）。

　　此符號的「主要的」數字是72，它經常加36得出108，也可用108除以2得到54。54還可以乘以10得到540（或是一直乘10得到54,000、540,000、或5,400,000等）。2,160也很重要（也就是至日轉成一完整黃道宮所需年數），它可除以10得到216，或一直乘以10得到216,000或2,160,000等，2,160有時也可以乘以2得到4320，或43,200，或432,000、或4,320,000等。

　　此符號也發現於高棉安克（Angkor）的建築和埃及基沙的金字塔。在基沙，我們發現它是解開北半球精確數學「比例模式」的關鍵。假如你以大金字塔的高度乘以43200，將可得到地球兩極半徑的精確「電腦解答」，假如你以金字塔底邊周長乘以相同數字，將可得到地球赤道圓周的精確電腦解答。

◀ 圖3-10
埃及金字塔
有許多不可
思議天文及
幾何數字。

　　同樣的事也發生在太陽金字塔古城，例如，哈勒斯登的調查顯示，月亮金字塔的底邊周長是378STU，庫滋克特金字塔的底邊一邊長是60STU——當乘以10萬時即產生了有趣的數字，前者是地球的圓周，後者是地球兩極半徑。

　　哈勒斯登於1974年建立資料，是首次火星賽多尼被拍照的前兩年，我們對哈勒斯登的測量感到興趣，是因為知道了另一項數學的秘密，太陽金字塔古城的建築者透過 π、ϕ 和 e 的比例，可發現結構間的關係，哈勒斯登遂認為他們已擁有相當於現代地理學家和天文學家的知識：

　　這些外觀設計提供了精確獨特的數學觀點和其他常數，更進一步結合了 π、ϕ、e 這些值，也許金字塔的複雜性暗示後進者，可擴展對宇宙以及人類與整體關係更清楚的視野。

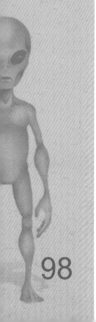

2

知道它位在何處

火星賽多尼地區D&M金字塔位於北緯40.686度，其切線等同於 e / π，因此它是以緯度為基礎來建造。當哈勒斯登測量太陽金字塔古城的月亮金字塔和太陽金字塔時，也發現了相似的事情。

簡言之，太陽金字塔第4層的角度是19.69度——即金字塔的精確緯度（它位在赤道北部19.69度），因此，它是應用幾何自行參照的建築，顯示它知道它位在何處——換句話說，它知道自身所處的緯度——正如D&M金字塔一樣。

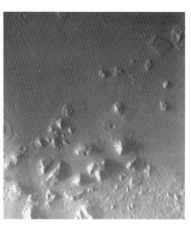

◀圖3-11
火星上金字塔群。

更進一步，月亮金字塔第4層的角度即是精確的 t 常數，也是賽多尼所有設計中最喜愛的19.5度。

這些數據暗示研究人員，太陽金字塔古城也許包含了一個「訊息」——也許與火星賽多尼所蘊含的訊息一樣——以四面體（tetrahedral）幾何和 π、φ、e、t 值為基礎，而太陽金字塔古城並非是此懷疑的唯一例子。

火星上古文明遺跡與地球古文明有關，這的確是耐人尋味的。

圓形巨石群是英國南部威爾斯里郡（Wiltshire）希羅伯里（Salibury）平原的巨石柱群（註：筆者曾於1995年到過該地研究，並出版過專書《飛碟外星人與古文明》），約於西元前2600至2000年間所建造——有些可能更早，有些可能較晚建造。

▶ 圖3-12
英國stone-
henge。

▶▶ 圖3-13
著者探訪
英國stone-
henge。

此章節的目的不在進行此處的探索，而是將它與火星研究者對火星賽多尼的研究進行比較。

根據研究人員所言：

圓形巨石的北部是有名的東北街（相反於冬至日太陽升起的現在方位角），令人驚訝的「賽多尼角度」——49.6度，這

不僅等同於一個重要的理論「四面體」角度關係（在0.2弧秒內），也等於另一特殊角度，已兩次顯示D&M金字塔的內部幾何當用直徑（radians）表示時，這角度就不是 e / π。

埃夫伯里（Avebury）也在英國威爾斯里郡，大約和圓形巨石相同時期，可能稍早一些；是世界上最大的巨石群，包含一個山谷和附近兩個較小的石頭。要怎麼解釋埃夫伯里的兩個較小石頭的中心位於正北方19.5度之處的巧合事情？

因為19.5度除了 t 外（限定的四面體常數），沒有其他本質的意義，所以只能假設它於古代及神聖地點重複出現，必定是有計畫且源自於複雜的四面體幾何，但是要如何解釋它也同樣地發生於賽多尼的「遺跡」，而它是位於距離地球數百萬哩的紅色星球火星上呢？

4

尼羅河的數字

▶ 圖3-14
埃及金字
塔。

當測量許多世界古文明遺跡時，源自於歲差的四面體幾何和數字的特殊數學符號，在這些古遺跡中，知名的埃及基沙墓地位於最高點，包含獅身人面像和古夫（Khufu）、克哈夫（Khafre）、孟克雷（Menkaure）三個金字塔。

研究人員發現，假如利用三個金字塔的頂點形成「黃金（Fibonacci）曲線」（曲線產生於 φ 之內，即黃金比例之內），然後獅身人面像的確實位置，即位於此曲線的長方形——由此可知金字塔的建造者必定對 φ 很瞭解。

其他知名的「數字遊戲」如下：

大金字塔的斜角是51度51分40秒，此角的餘弦是0.6179，可取小數點後三位數成0.618，讀者可回想「黃金」φ 比例，即是1：1.618——0.618加上1便產生 φ 值。

若是取小數點後兩位數，φ 也暗示著金字塔斜坡和西元前2500年夏至時，在埃及基沙金字塔緯度的太陽角度之比例，估計是84.01度（51度51分40秒，換言之，51.84度除以84.01度等於0.617）。

在大金塔的內部深處有謎般的國王陵寢，是否也是巧合，其牆壁高度加上一半地板寬度產生16.18王室的腕尺（古時一種量度，自肘

至中指端的長度，約46～56公分），又再度結合了重要數字──ϕ。

再看看大金字塔的斜角和其餘弦產生與ϕ有關的數字，我們已發現太陽金字塔古城的斜角，和其位置的緯度之間，以及火星賽多尼緯度和$e-\pi$之間有關係，大金字塔的緯度是29度58分51秒，假如我們視之為30度，將發現其餘弦是0.865，也就是四面體的比例$e-\pi$。

$e-\pi$值也可納入大金字塔斜角（51.84度）與國王陵寢南邊通道的斜角（45度）的比例，這比例在$e-\pi$小數以下一位數之內。

π被發現是大金字塔底邊周長對高的比例（1760／280 cubits=2π）。

5

單一的主題

1988年，學術期刊埃及學論壇裡，有篇文章是英國數學家約翰‧里格（John Legon）所發表，他引用埃及基沙金字塔遺跡的資料，說明「三個金字塔的大小和相對位置由單一主題決定」。

他指出這些遺跡是：

確實排列成4個基本方位，且其底部符合有條理的大小關係，每個金字塔所在位置除了一般因素，如興建的容易或建築的位置外，還暗示其有些限制。

當里格畫一個圍住3個金字塔的長方形，他發現長方形的大小是，東西長1,417.5腕尺，南北長是1,732腕尺，可能會有些微誤差，但這些數字等於1,000乘以2的平方根和1,000乘以3的平方根，至於長方形的對角線，等於1,000乘以5的平方根；2、3、5的平方根也曾於賽多尼的D&M金字塔發現多次。

在研究里格的文章時，還發現關於基沙的另一點（里格對賽多尼的幾何並無所知），就是孟克雷金字塔的位置，似乎由「賽多尼」四面體常數 t 所界定。

孟克雷金字塔的西北角是位於19.48度（由附近克哈夫金字塔的鄰近角南邊）。

由這些幾何數字的巧合，令人覺得地球的古文明可能並非由地球人類所創，而是與其他星球的外星生命有大大的關聯！

太陽系中第10顆行星之謎：蘇美人古文明

目前科學上認為我們所居住的太陽系一共有9大行星，從靠近太陽處往外，依序為水星、金星、地球、火星、木星、土星、天王星、海王星、冥王星。這些行星皆以太陽為中心，分布在大致相同的平面上，並沿著近圓形的軌道公轉。

行星可說是太陽系中最大的星體，即使最小的冥王星，其直徑也在2,000公里以上。

◀ 圖3-15
太陽系圖。

　　然而，科學家近年來卻發現了太陽系可能有第10顆行星存在，但在高興之餘卻也覺得頗為懊惱，因為在古蘇美人（Sumerian）遺跡中就清楚記載著「人類祖先是來自第10顆行星」，而且更令人驚訝的是，第10顆行星上的外星人曾到過火星與地球，並創立了高科技文明，這也是今天留存在火星與地球上無法解釋古文明遺跡的由來。

　　太陽系除了行星之外，還存在許多小行星、彗星等星體。大多數的小行星都分布在火星和木星之間的帶狀區域，稱之為小行星帶（asteroid belt）。小行星的體積和行星相比，真是小巫見大巫。最大的小行星謝列斯（Ceres）直徑不到1,000公里。彗星通常在非常細長的橢圓形軌道上運轉，如有名的哈雷彗星，它離太陽最近時，會飛進金星軌道內側，而離太陽最遠時，則到達海王星軌道外側。

　　彗星之中，很多是來自距離太陽數萬天文單位（即AU-,astronomical unit，一個天文單位等於太陽和地球的平均距離，大約1億5,000萬公里）的宇宙。彗星中心核的大小和行星比起來也小很多，如哈雷彗星，彗核大小約在10公里左右。

　　太陽系中最遠的是冥王星，在這第9顆行星更遠處，有沒有第10顆行星呢？

　　1992年夏天，科學家首度發現在冥王星外側有一公轉的新星體。8月30日，美國夏威夷大學的傑威特和加州大學柏克萊大學分校的珍納魯率先發現，在冥王星外側公轉的太陽系邊緣新星體，這個新星體暫時編號為「1992QB1」。

　　這個疑似第10顆行星的發現絕非偶然。從1987年開始，傑威特和珍納魯就不斷觀測天空的每一個角落，以搜尋太陽系外緣區域的未知星體。他們是挑選未知星體存在可能性比較高的行星軌道面附近的天空，做重點式的觀測。

　　他們在夏威夷島中北部的冒納基（Mauna Kea）死火山山頂上，利用夏威夷大學的2.2公尺口徑望遠鏡進行觀測。在偵測器方面則採用稱為「史密特版」的照相底版，以及能將光轉換成電荷並儲存起來的「電荷耦合裝置」（CCD，charged-couple device）偵測器。因為新星體的光十分微弱，必須用有強大聚光力的望遠鏡與高感度偵測器才能找到。

　　1992QB1是利用電荷耦合裝置觀測時發現的，當時的亮度為23等。速度為每小時往西走2.6秒角、往南走1.1秒角。（1秒角等於1/3600度角）。這樣的速度比起小行星來，可說是慢多了。換句話說，1992QB1距離太陽大約為60多億公里。

　　1992QB1的軌道是近乎圓形的橢圓軌道，半徑為44.4個天文單位。橢圓形的扁平程度，以離心率來表示，新星體的離心率為0.11，比冥王星離心率0.25小；其軌道比冥王星的軌道更接近圓形。

　　1992QB1的公轉周期大約262年，相對於地球的公轉軌道面而言，傾斜2.2度，遠小於冥王星軌道面的傾斜17度，但和其他多數行星的軌道面約略相同。

　　不過，1992QB1的軌道相關數據可能有極大誤差。例如，

1992QB1的公轉周期大約262年，這個數字是根據3個月左右的觀測結果推估的，但就天文學來說，這一觀測期似乎太短了。

對於1992QB1的其他特徵，還有許多天文學上的不明之處。但從亮度和距離來看，可以大致推定出它的大小。假設它對太陽的反射率和哈雷彗星差不多，則其直徑大約250公里，此一數值大約只有最小的行星冥王星的1/8左右。

就大小而言，與其說1992QB1是行星，不如把它看作是大彗星或小行星。不過，彗星接近太陽時，會放出特有的氣體和微塵，而在1992QB1上頭，並沒有觀測到這個現象。所以，科學家更相信它應該屬於行星。

1992QB1距離太陽相當遠，所以溫度非常低，所以主要成分水、冰幾乎不蒸發，其表面顏色比太陽稍微紅一點。

1993年3月28日，傑威特和珍納魯利用相同的望遠鏡又發現了同一類的新星體，將它編號為「1993FW」，它的亮度約為23等，和1992QB1的亮度差不多，被發現時，位置估計在距離太陽38～56天文單位處。

由於1993FW的距離、亮度都和1992QB1差不多，所以推測大小也差不多。依估計，1993FW的軌道和1992QB1類似，推算其軌道半徑為42.5天文單位，軌道面的傾斜度大約為8度，表面顏色也和1992QB1一樣，比太陽光稍微紅一點。

縱使科學家對於1992QB1、1993FW等的真相提出了許多理論來

說明，如可能是冥王星側帶狀彗星巢「凱伯帶」（Kuiper belt）中的彗星，或者是太陽系生成時殘留至今的所謂由微塵團塊構成的「微行星」等，但都無法完美的解釋清楚，科學家將這第10顆行星視為「謎的行星 X」，並期待能解開其真相。

　　但有趣的是蘇美人古文明遺跡中，卻也記載著來自第10顆行星「尼必魯」（Nibiru）的神明呢！

1 蘇美人古文明中的第10顆行星：尼必魯之謎

世界上所有古文明遺跡都充滿了神秘色彩，目前已知年代最久的文明，就是生存在紀元前4,000年左右的蘇美人，蘇美人居住在現今中東的幼發拉底河與底格里斯河，也就是人類文明搖籃的肥沃月灣附近（今天的伊拉克南部）。蘇美文明不僅是以後古代東方文明的出發點，也可說是現代全世界文明的源頭。

蘇美文明，自19世紀中期左右挖出其遺跡，並證明其存在。由於遺跡中有許多是在埃及、印度、中國等古文明中未曾見過的問題，因此至今仍令專家學者們困擾不已，也提出許多不同見解。

科學家無法對蘇美民族的人種、語言系統、都市文明等文化之起源，以及此民族是於何時、從何處來到該地等問題，給予一特定圓滿的解答。因此，考古學上將這些問題總稱為「謎的蘇美問題」，而有關這些問題的討論也超過100年了。

▶圖3-16
奇妙的古蘇美人遺跡。

由出土的考古遺跡上來看蘇美人的頭蓋骨型及身體的特徵，顯示他們具有各種人種混合的特徵，故難以將其定位為哪一人種。在語言學上，蘇美語雖然是屬膠著語，但即使是在同種的其他語言中，也看不到與其相近的近緣語，甚至連繼承蘇美文明的美索不達米亞的阿卡德人、巴比倫人、亞述人等，也全都是隸屬屈折語的塞姆語族，因此不僅是語言，連人種也全然不同，但目前的研究顯示，蘇美語可能是全世界許多不同語言的源頭。全世界不同的語言、文字與宗教若被證實屬於同一起源，那麼人類的思維、歷史可能必須重新檢討改寫呢！

談到蘇美文明，最著名的就是楔形文字的發明。原來蘇美文字只是表意文字，巴比倫人及亞述人的楔形文字，則大半都是只借用其形的表音文字，不久後就完全的將之字母化了。

▲圖3-17
蘇美人楔形
文字。

蘇美人所發明的不僅只有文字，更包括農耕、灌溉、建築技術、法律、幾何學、天文學及都市國家的民主統治方式等。

今日人類所使用的各種文化領域，數字、哲學、文化、建築、法律、政治、宗教、民間信仰，其起源的某些部分都屬於蘇美人。

這些高科技產物，在歷史時間上而言，幾乎可說是在極短的時間內突然創造出來的。

人類進入兩大河溪谷以來的數千年間，都一直過著與世界其他文化地域毫無兩樣的原始石器農耕生活，可是，到了文明開展期，就在

一夜之間，誕生了美索不達米亞文明，亦即具備與未來高科技相銜接的高度文明的基本構造。主要文化的特徵也突然出現了。所以，很多人認為要瞭解宇宙奧秘與現代文明，最好的方法就是研究古文明遺跡，尤其是古蘇美文明。

（1）埃及文明太陽神解開火星上人面岩之謎

長久以來，科學家一直認為西歐近代文明是發源於羅馬與希臘，考古學上卻證明了遠在希臘文明之前，還有更早的蘇美文明。而與蘇美文明同樣讓科學家感到有興趣的是，大約在西元前3,000年左右，古代東方突然出現謎樣的古埃及文明。

蘇美文明與埃及文明事實上都以「火星」當作仲介跳板，將地球與地球外文明相互溝通接觸，所以兩者具有許多共同特徵，並且有一些具體證據可以圓滿說明。

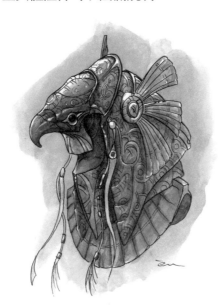

▶圖3-18
埃及太陽神
Horus。

埃及文明的代表是金字塔，埃及金字塔與火星上所發現的疑似人造建築物（人面岩、人造都市），之間有許多共通點，「人面岩」與埃及文明「人面獅身像」應該是同一東西。其關聯的關鍵，在於埃及古文明的太陽

神（Horus，亦即神聖的鷹頭神）。

鷹頭神是古代埃及人最崇敬的神，目前仍有許多神廟中留存有其遺跡。鷹頭神是代表日出與日落象徵最高的神，也是「復活」的象徵，因為太陽降落後再度升起，正是人死後再重生，也就是復活的意思。那麼，「鷹」代表了什麼含意呢？

古代埃及人在日出日落時，觀看浮在地平線上的太陽時，同時也目擊了攻擊獵物的老鷹也說不定，所以古埃及人由地平線上的太陽與老鷹創造了「地平線上的太陽神，鷹頭之神」這一名詞。

（2）「開羅」的意義是「火星」

埃及太陽神叫「Horus」，此一字在古埃及神話中正式名稱是「Helu」。

有些文化人類學者認為，遠古時候有來自天狼星（Sirius）的使者到地球拜訪，傳授高智慧給地球人，以致於誕生了埃及與蘇美文明，而Horus與Helu事實上是代表「臉部」的意義。所以，「地平線上的Horus」即表示是「地平線上的臉部」，推測很可能是火星上所發現的「人面岩」的原意。

事實上，埃及文中「L」與「R」常在象形文字中混用。所以「Heru」與「Helu」是同一字，「Helu」文字若加上希臘語的語尾成為「Helios」，就是希臘人的太陽神。

荷馬（Homeros）有名的希臘敘事詩《奧狄賽》（Odyssedia）

▶ 圖3-19
火星上人面
岩古文明遺
跡。

▶ 圖3-20
火星上人面
岩。

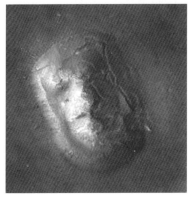

中說明，「Helios」的意義為「太陽上升與下降，光明與黑暗，早上與晚上」，也就是說，希臘語的「Helios」是由「Helu」轉變而來是非常清楚的。希臘語將埃及太陽神神殿叫作「Heliopolis」（太陽的都市），依上述推論，其意義即為「地平線的臉（Helu）的都市」。

由遙遠過去火星上人面岩與其附近人工都市所衍生得到的靈感，「太陽都市」名稱可能就是這樣來的。

英國行星協會所出版的雜誌，曾有一篇報導指出：「埃及首都開

羅的名稱來源是阿拉伯語『EI-Kahir』，原始的含意是火星，這項符合到底代表了什麼意義呢？……」

古代埃及地區興建金字塔的地名就叫作「火星」，這種語言學上的巧合，不是值得我們去進一步探討的嗎？火星上的人面岩與金字塔的建設，和地球上的埃及文明似乎有所關連，並與蘇美文明的起源也有關。

依照宇宙考古學與語言學上的研究，埃及與蘇美兩大文明，不論在以石頭為材料之建築方式上，或在語言結構相似的觀點來說，這兩大文明的發展可能是同一批人所指導的。

例如，埃及文中「神聖的存在」，也就是「神」，是以「NTR」來表示，意義是「看得見的東西」。又蘇美「Shumer」（Sumer之古字）這一字的意思是「看得見的東西，即是土地」。由此可知，埃及與蘇美文明的確有關。

古代東方文化中的神也是由古蘇美文明中12位神演變而來。這12位神再轉為世界各地特有的神明，這種例子為數不少呢！幾千年後，希臘文明中也複製了蘇美神明，而距離幾千公里智利外海的復活節島，其文明上的神明造型也與蘇美人的神明相同。

◀圖3-21
古蘇美人的神，長著翅膀。

▶ 圖3-22
蘇美人遺跡
的神都是鳥
人。

（3）在空中飛行的女神伊什塔爾（Ishtar）是誰呢？

依照美索不達米亞古文獻記載，神在天空旅行，所乘坐的東西，依蘇美語言叫「Mu」，塞姆語（sem）（除蘇美之外的美索不達米亞的諸語、希伯來語、阿拉伯語等等）是用shu-mu或shem來表示，但它是從蘇美語的Mu所產生出的語言。在當時的繪畫文字（楔形文字最初的形態）中，此Mu的形狀好像一座火箭，是「垂直上升之物」之意。

據推測它應是火箭、太空艙之類的飛行物體。事實上，在呈獻給巴比倫的女神伊什塔爾的讚歌中，其中一首就明顯地將它當作飛行物體，描述著「天上的貴婦人乘坐Mu飛行於人類所居住的土地上」。

此外，當時的浮雕、繪畫、雕刻上，也都描繪著火箭型的物體，其中有的裡面還坐著神。在聖經與古文獻中，所經常看到的「神所居住的聖屋」這種極為奇妙的說法，也是由此觀點而來的。

在空中飛行的伊什塔爾女
神，外觀與古代人完全不同。
頭上戴著與帽子完全不同的頭
盔，兩邊耳朵有如覆有耳機，
兩手抱著圓筒狀物體，頭部後
方是長方形的箱子，由與胸部
平行的兩條繩子固定著。

後來隨著時代的變遷，亦
即與「神」交流的時代日益遠
離，塞姆的語義上也產生了若
干變化。

歷代嚮往「神」的國王
們，在所謂「聖屋」中立了刻著自己形體的石碑，將自己比擬為神，
以滿足自己的權勢及名譽慾望，想將自己之名留傳於後世。

後來，逐漸轉變成在「塞姆」這個字上加入「被永恆記憶之物」
的另一意思，最後就被解釋為「姓名」了。「神」的記憶隨之抽象化
而模糊不清，以致後人無法理解當初「飛行物體」的概念，其實古文
獻中的「塞姆」，原意為「空中飛行的物體」，但是，希臘人誤譯成
現代語的「姓名」，因此就更造成了混淆。

一個典型的例子，就是著名的「通天塔」故事。這是《聖經・創
世紀》中的故事，但起源卻是來自蘇美文明。內容敘述蘇美地區（聖

經中是希奈魯地區）的居民建設了一座都市，並建造可抵達天堂的塔，以揚名世界，且詳加設計以防潰崩。但神見狀卻極為憤怒，所以擾亂他們的語言，使他們無法彼此溝通，並將他們追趕到地面上。

後代的聖經學者，將希伯來語聖經的原語「塞姆」譯為「人的姓名」，並認為這是「人類因傲慢且想揚名，所以才起來反抗神」。

（4）蘇美文明中在空中飛行的神是外星人？

蘇美文明遺跡的發掘，大約是在150年前開始，研究人員發現了幾百塊與天文有關的粘土板，以及其原版的圓筒狀印章。

美索不達米亞的大部分地域，是由所謂兩大河流所帶來的粘土所堆積成的平原，雖沒有寬廣的土地，但蘇美人卻在此地有兩項重大的發明。

其中一種是用粘土做成的磚塊，這是利用強烈的太陽光照射，使粘土凝結成具有相當耐久力的建材，用在建築物的表層，這比一般用火燒烤的半永久性磚塊還要耐用。這種利用太陽所曬乾製成的磚頭，後來經由美索不達米亞地區傳至古埃及，在當時被稱之為「德貝」；後來的阿拉伯人則稱為「阿多布」，後再經由伊比利半島傳入中南美洲，當地則叫做「阿特貝」，事實上都是源於美索不達米亞用太陽曬乾的磚塊。

另一項發明，是利用粘土所做成的書版，蘇美語叫它為「多布」；蘇美人利用此版來刻寫文字，有如今日的書本一樣。

楔形文字（cuneiform）是壓在軟性的粘土上所製成，可做人形、計算或記錄事情，然後演變以簡略的圖形來代替，再經簡化後，成為所謂的楔形文字。

目前所發現的最古老的楔形文字是烏魯特文件，是在烏魯特的神殿遺跡所出土的小型粘土書版，在那個時期（紀元前3,100年）的楔形文字很像象形文字，其中也有魚、穀物、人的頭與手、腳等的描述。其他更有多達數百種文字符號，有些至今尚未被解讀出來。

▶圖3-24
蘇美人粘土板上畫著神仙與太陽系圖。

楔形文字早在紀元前3,000年以前就開始使用了，大約用了有3,000多年的時間，直到紀元之後才結束，不久即被淡忘。近來，楔形文字的解讀已有突破性的發現。

依蘇美文明之記載，在天空有許多能自由飛行的神明，蘇美人在美索不達米亞創建全世界最早的都市，並在都市的中央建蓋神殿，周

圍是住宅區，最外圍則建築有城壁，神殿中所祭祀的，是以天體神為中心的眾神，大小神各多達數百位。

在許多寺院中所發現的女神，頭部都有像是頭盔的裝飾品，而且附有耳機，耳機上有一條水平延伸出去的東西，很像是天線，兩眼周圍很明顯的戴有護目鏡，這樣的裝扮很像飛行員服飾，不禁令人想到太空人的模樣。

古蘇美人文獻中記載著，除了伊什塔爾之外，有許多與天地相關的神飛降到地球來。所搭乘的飛行物不是像飛彈就是火箭模樣，這些在蘇美文明出土的印章中，都清楚的描述著。所以可以推測，這些神明們應該是來自其他星系的所謂「外星人」，他們是比地球人文明還高的智慧生命。

由蘇美人的粘土板與圓筒印章遺跡中，可以發現行星與星座的資料，行星排列順序不僅很正確，並且包括與太陽間的距離，所謂這些太陽系圖，以現代天文學來看的話，是完全一致的。

他們也創出天球、天頂或是黃道等概念，決定星座並加以命名。目前我們所使用的星座，仍是沿襲蘇美人的。

蘇美人也利用60進位法來測量角度與時間，並決定曆法。黃道以星座分為12等分，即12宮（黃道帶，Zodiac），也是他們的傑作。

在尼那布（Nineveh）所挖掘出的5萬件以上的粘土板文書，大半都是與經濟、法律相關的文書，只有10％左右是與知名英雄的敘事詩、文學等有關的文書。

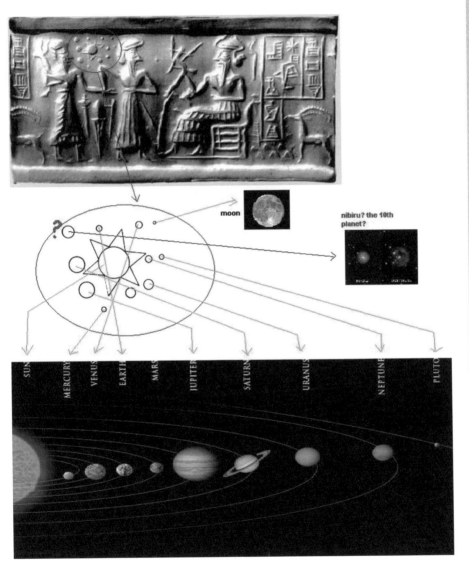

moon

nibiru? the 10th planet?

SUN　MERCURY　VENUS　EARTH　MARS　JUPITER　SATURN　URANUS　NEPTUNE　PLUTO

◀ 圖3-25
蘇美人早已
知太陽系
不止9大行
星。

121

　　其中有一張文書，所記載的不是商業活動或日常生活之事物，因為其數值異常地大，當時雖已使用12與60進位法，但若加以換算成現在的10進法，其值則是「195兆9,552億」的天文數值。雖然有人企圖加以翻譯，但其意義則歷經了1世紀後才弄清楚。

　　我們若將1天24小時換算成秒數的話，則為8萬6,400秒。因此，若將「195兆9,552億」用1天的秒數來除的話，正好出現22億6,800萬日的整數。這個完全整除的數字，絕非偶然，可是若代換成年的話，那麼這長達600萬年以上的時間，對蘇美人而言具有何種意義呢？

　　大家都知道，中世紀的占星術師及鍊金術師們所宣稱的「偉大之年」、「巨大的定數」是一項所謂神聖數字。根據他們的傳承，這是天體反覆運行的周期，也代表著一起回歸同一出發點。果真如此的話，這恐怕是意味著數百萬年為一單位的超大循環周期。若再將占星術的起源回溯至巴比倫，那麼這問題之謎的巨大數字，不正是代表此神聖數字了嗎？

　　若用地球最基本的周期之一，即歲差運動（自轉軸的轉動）的周期6,000萬日（大約2萬6,000年）除22億6,800萬日，再用電腦與天文學上資料相互比對，可以得知這巨大數值，竟然是太陽系內主要天體，以太陽日為單位所表示之所有公轉與會合周期的整數倍，也就是相當於公倍數。

　　若不使用包括小數點以下位數精密數值的話，周期的觀測值則無法成為公倍數。由於天文觀測值是近似值，因此嚴格說來，應該認定

完全接近公倍數。可是，此巨大數值竟與太陽系主要天體的運行周期完全一致，準確率高達百分之百。

　　可以推測，隸屬太陽系的行星與衛星，主要長周期的彗星，其公轉、會合周期以至小數4位數的觀測值，根本就是「尼奈布的聖數」的正確分數。

　　所謂22億6,800萬太陽日的「尼那布的聖數」，也就是連接太陽系內所有天文現象的「太陽系定數」。如果這不是占星術師們所尋求的「大的定數」，那麼又是什麼呢？

　　蘇美人是如何知道這高度科學的數值呢？科學上的解釋，應該是對太陽系的主要天體（恐怕也包含無法用肉眼看到的海王星及冥王星）進行長期的精密觀測，和高達巨大之量的計算（大概也使用望遠鏡及電腦），相互配合而得的。另一說法則是來自宇宙的外星人所傳授的！

　　由所發掘的古蘇美人圓筒印章、石碑以及碎形粘土板等，經研究人員長年累月的解讀，有了更為驚人的發現。

（5）太陽系圖中有未知的行星尼必魯

　　比較蘇美文明出土的太陽系圖與目前天文學之太陽系，便可發現古蘇美人天文科技的進步。

　　蘇美人之天文圖中，在火星與木星間有另一稍大的行星，依現代天文學知識，這是不可能的。依蘇美人的天文學，太陽系9大行星之

外，還有另一未知行星存在，蘇美人稱之為尼必魯（Nibiru，交叉的行星）。在通過火星與木星中間時，是以橢圓形軌道進行的，在古巴比倫的神話中，也曾敘及尼必魯的行蹤。

蘇美人古代紀錄中顯示，由尼必魯行星上曾有一種叫作亞努那奇（Anunnaki）的生物到過地球。此一生物的領導者教導古蘇美人許多科技，並被記錄下來。

▶圖3-26
蘇美的人
Anunnaki
圖像。

「亞努那奇」生物，在聖經中以亞那奇（Anakim）或奈夫尼（Nefilim）的名稱稱呼。這些字都是古希伯來語，意思是「由天降至地面的東西」。

蘇美人對行星與星座都冠以外號，火星的別稱外號之一為「向右彎曲的地方」。事實上，此一火星外號是與尼必魯有關的。依蘇美文明的圓筒印章，尼必魯到達火星附近時，突然向右急轉彎行進，所以才有此外號。

又，古代巴比倫人稱呼火星為「旅人行星」，蘇美遺跡中敘述著，火星是「亞努那奇」生物到地球的轉運站，存在有基地建築物。

未知的行星「尼必魯」，與住在上面的生物是什麼情況下到地球來的呢？按照古代美索不達米亞的文獻與蘇美人的古紀錄顯示，大約

是冰河期初期，也就是距今44萬5千年前的時候，統治尼必魯行星的亞努，命令其長子耶阿帶領50位所謂先驅部隊到達地球。「44萬5千年前」此一年代的推算，是由蘇美文明出土的粘土板上所記載的尼必魯的公轉周期（大約3,600年）與其他紀錄所得到的。

　　巴比倫的祭司，也是天文學家貝羅梭司，曾針對挪亞大洪水以前管理地球的10位人員，記載了下列相關事情：

　　當太古的巴比倫地區的人類，過著與野獸一般，無秩序的生活時，波斯灣出現了一種具高智慧的亞努那奇生物，體形雖像魚，但魚頭下卻有別的頭，並有與人類手腳一樣的東西，聲音也很像人類。

　　白天時，這種生物會從海中出現，與人類交談，並教導人類文學、科技、藝術、建築、法律、幾何學原形、植物的區別以及採集果實的方法等，但他們卻不需吃東西就可生存。

　　他們教導人類所有有益於提升人類生活水準、文化的事情，由於其所教導的事物非常實用與完美，因此後來根本不需再予以改良、補充。

　　這種生物是水陸兩棲動物，因此，每當太陽一西沉，它就立即躍入海中潛藏起來，但一到早上又立即出現，從此以後，就不斷有與亞努那奇同種生物從海中現身來教導人類。

125

　　10位國王統治共計120輪，也就是43萬2千年，一直到發生大洪水時才停止。

　　我們試將43萬2千除以120，可以得到3,600。所以，一輪相當於3,600年。

　　此後，又在蘇美人的粘土板文件上發現有記載「歷代國王」的遺跡。當中清楚載明由天上到地球來治理人類的10位國王，以及所經歷的年代。

　　例如，有下列這樣的記載：

　　由天上到地球來時最早的王國為艾力多。艾力多的國王為亞魯利姆，他一共統治了2萬8千8百年，而亞拉魯卡則治理了3萬6千年，2人共計6萬4千8百年。

　　這裡所記載的國王治理期，看起來經歷的時間滿久的，但必須注意的是，這些數字恰好是3,600的倍數。所以，10個人總共統治期間是120輪，剛好是43萬2千年，此與貝羅梭司的說法一致。

　　這些國王都是來自尼必魯行星的生物「亞努那奇」應該是沒有錯，他們到達地球的管理期間，與尼必魯的公轉周期一致，所以推測國王的交替，是趁著尼必魯與地球相靠近的時機進行的。

　　大洪水發生，冰河期結束時代大約是1萬3千年前，再加上國王統治期間，亞努那奇到地球的年代可以推算出，大概在44萬5千年前。

　　到達地球的亞努那奇首先在今天的阿拉伯海登陸，當時是沼澤地，他們往現今波斯灣的背面前進，而在最遠處建立了最早居住區「艾力多」（遙遠地方居住區的意思）。此後，亞努那奇生物居住地艾力多被許多民族相傳，並認為代表整個地球的用語，以致變成「ERDE」、「ERTHE」、「EARTH」等字語。

　　例如，古代中東對地球的稱呼，以阿拉伯語是「ERED」或是「ARATHA」，希伯來語則為「ERETZ」。而這些用語追本溯源，都是古代美索不達米亞對波斯灣的稱呼「ERYTHREA」（現代波斯語「ORDU」）。此一「ERYTHREA」的真正含意是指「露營地」或「居留地」。

　　由此可知，地球（EARTH）這個字代表著「遠離故鄉的居住地」，也就是站在亞努那奇立場所取的名稱，可見地球上的生命起源與來自外星球的生物有關。

　　當然，目前所發掘出的艾力多遺跡，並非是當初外星人所建設的基地。在冰河期結束時，冰塊溶解，全世界陷入「大洪水」時期，當其痕跡消失後，蘇美人就在原住民所尊崇聖地的場所，發展出最初的都市國家，成為日後蘇美文明的基礎。

　　古蘇美語中將「神」稱為DIN-GIR。依據考古上之研究，此字原本也是GIR（前端尖銳之物）和DIN（公正的、純粹的）二語的合成

語。此二語的象形文字實在極富趣味，會令人聯想到「登月小艇與指揮艙相會之處」。可見「神」與「高科技的外星人」實在有密切的關連。

尼必魯行星上的外星生物到地球來造訪絕非偶然，他們到地球主要是要探採黃金。依古文獻記載，當時他們的母星尼必魯的大氣慢慢減少，為了保護大氣層，必須用黃金進行補強工程。他們的先驅部隊已得知地球上有豐富黃金。接著，就在火星建立中間轉運基地，另外再派遣較多人員來到地球。當初外星人是想由阿拉伯海提取黃金，但進行得並不順利，最後他們是向非洲東南區域來挖掘金礦與礦石。

但在挖掘過程中，他們發現需要更多的人力來協助進行各項作業，於是他們在大約距今30萬年前，利用猿猴的遺傳基因操作（相當於今天的遺傳工程技術），塑造了人類的祖先「亞當」，也誕生了靈長類的「人類」。外星人傳授一些科技知識給人類，並為了提高作業效率，也教導人類文明發展的基本技術。

當時為了開採黃金的外星人共有900位，實際降落到地球的為600位，其餘300位則留在地球衛星軌道上，從事各項聯絡工作。

今天在美索不達米亞所出土的遺跡中，有稱為「護目鏡偶像」的立像，以及許多奉祀此些神明的神殿。依古代留存的紀錄，這些外星人「為了要詳細調查地球資源」而建造神殿，裡面的土偶則是調查用的儀器設備。

令人十分有興趣的是，這些遺跡中的立像與通訊衛星「Intelsat-

IVA」（Intelsat為International Telecommunication Satellite Organization，國際電子衛星通訊機構）或「Intelsat IV」的形狀非常相近，難道這只是偶然嗎？

除了蘇美人之外，其他地區的古代紀錄，如巴比倫、亞述等地，也都有外星人的存在，如「外觀看似地球人，身材很高、很聰明的生物」。在古埃及的某一碑文中也敘述著：「人面獅身像是地平線魔神的化身，並將首位到地球的外星人臉部溶入該石像而得的。」所以，人面獅身的頭可以說是外星人的容貌。

◀圖3-27
埃及人面獅身頭像。

（6）星際大戰與宇宙港的埃及遺跡

依最近研究顯示，人面獅身像的底下有「秘密房屋」的存在，由埃及18王朝的讚美歌可以知道，人面獅身是外星人的通訊中心，也就是說地球上的「臉」（人面獅身像與火星上的「臉」（人面岩）是可以彼此連絡的控制中心，而在這些「臉」的附近也都有金字塔，可能金字塔也擔負著其他通訊任務呢！

改變地球歷史的外星人
人類起源與星際文明大解密

　　蘇美古文明紀錄中，提到外星人在地球上興建的宇宙港，包括有管制塔、導引設備、地下倉庫以及起降跑道等。

　　外星人最早所興建的宇宙港，在大洪水以前是在美索不達米亞，但大洪水卻沖走了他們所建的都市與基地，大洪水之後他們遂將宇宙港移至西奈半島。

　　蘇美人考古遺跡中有謎樣的圓筒印章，上面清楚的記載著「宇宙飛行」的故事，由這些印章上的圖看來，太空船具有太陽電波板與天線般的設備，在地球與火星飛行時，可看到地球旁邊有以新月表示的月球！而在靠地球處，有一位長翅膀的外星生物（可能代表太空人），手裡拿著一件東西，在靠火星處，也有一位戴有頭罩的外星生物，彼此似乎正交談。

　　其中必須注意的是，地球以7個圓圈表示，可能是蘇美人認為地球是第7顆行星，這是基於尼必魯行星在太陽系的位置立場來考慮的。

　　通常以地球人類的觀點來看，地球是太陽算起第3顆行星，而地球會被認為是第7顆行星，則是由太陽系外側開始計算起，也就是由冥王星外側還有第10顆行星尼必魯的觀點來思考的。

　　圓筒印章上在地球旁（外側）有第8顆行星金星，有八道光芒放射出，第6顆行星火星，則有6道光芒。

　　來自第10顆行星的外星人到底在地球待到何時？是在什麼情況下又回到其母星？很遺憾的，蘇美文明遺跡中並沒有記載。

　　我們所生存的太陽系到底是哪裡來的？一直是科學家探討的課題，美國航空太空總署也列有「航海家研究」的研究計畫，科學家並認為宇宙間星際的「衝突」，可能是太陽系誕生的大功臣。但是，在6千年前的蘇美人卻已知道了星際間大衝突的事實了。

　　蘇美人的宇宙論與世界觀，都是以宗教為中心，主要描述了「天界戰鬥」概念，以現代宇宙論來看的話，這是一種大規模的宇宙衝突。

　　蘇美人的詩文、讚美歌中也都有這種「天界戰鬥」，也就是「星際大戰」的記載，但現今仍留存的，僅在7塊粘土板上記錄得最為詳細。令人驚奇的是，現代科學家們努力研究的結果，居然與蘇美人的宇宙論結果幾乎是一致。

　　例如，天王星與其衛星的地軸以同樣方式傾斜，美國航空太空總署的科學家認為，天王星的本體所存在的軸，可能是40億年前左右，與某一個以每秒17.8公里移動的物體相撞的結果。

◀圖3-28
天王星與衆不同，南北向旋轉。

　　又，依航海家二號研究結果顯示，海王星的衛星海衛一（Triton）與海衛二（Nereid），以及新發現的6顆衛星，都呈現歪斜、黑色的不自然形狀，推測這些衛星的形狀，可能是「突然間有某

一物體闖入，發生衝撞的結果」。

蘇美人遺跡中記載著此一闖入物體，而衝撞的情況如下所述：

最早太陽系有3個天體存在，就是亞伯述（Apsu，一開始就存在的物體，指太陽）、姆姆星（Mummu，出生的物體，指水星）以及迪亞瑪特（Tiamat，指少女）。

過了沒多久，在姆姆星與迪亞瑪特間誕生了金星與火星，迪亞瑪特的外側則產生了木星與土星，而在遙遠天際，有了天王星與海王星。在此一時期，太陽系的雛形已成型，而來自宇宙的闖入者也在此時登場，那就是尼必魯行星。

尼必魯首先通過威亞（Ea）（即海王星）的旁邊，由於引力作用，誕生了海王星的衛星——海衛一。尼必魯是與其他行星反向運行的，也就是一面依順時鐘方向運行，一面侵入太陽系。也許此一現象可以解釋海衛一順時鐘軌道運行的原因。

接著，尼必魯被安傑魯（Anshar，即土星）與奇謝魯（Kishar，即木星）強大的吸引力吸到太陽系中心，此時尼必魯與土星相撞，使得土星的衛星飛離，而成為冥王星。

之後尼必魯與迪亞瑪特相撞，實際撞上的是尼必魯的衛星，以致迪亞瑪特成為碎片，影響了尼必魯原先的軌道，使得尼必魯軌道變成超橢圓形，也因此成為太陽系第10顆行星。

破成碎片的迪亞瑪特行星的一半，成為地球與月球，其餘的小碎片便是小行星群。

　　這是古蘇美紀錄中所描述的太陽系生成經過。

　　但是，尼必魯現在到底位於何方呢？依計算，下一次接近地球的時間大約在1400年後。而最近科學家認為第10顆行星是「謎的 X 行星」，並積極的探討。

　　美索不達米亞的古文獻也記載著，尼必魯與其上的外星人還會再到地球來。地球上時常出現的UFO以及灰色（Gray）外星人，他們的外表很像蘇美文明中的神明立像，這是不是表示尼必魯上的外星人又在火星基地上進行活動，如派遣UFO到地球，擄走人類所發射的火星探險太空船等，這種推測可能性很大，所以UFO的目擊事件、太空船的失蹤與火星、地球上的古文明都有密切的關係呢！

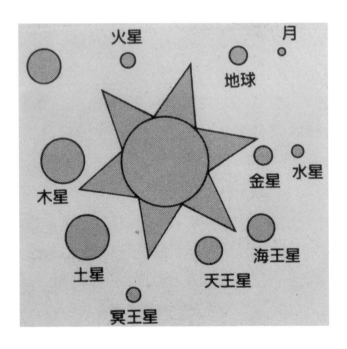

◀圖3-29
第 10 顆行
星的位置。

133

2

第10顆行星：亞述德拉或塞德娜

由1970年代起，天文學家們一致認同，小行星和大行星之間的碰撞，於早期的太陽系裡經常發生，並逐漸地以規律且可預測的速度在減少當中，直到今天；我們也因此能辨識各行星的年齡，坑洞較多的行星所經歷的年代，勢必比坑洞較少的行星來得久遠；也因此，火星南半球坑洞較多的高地，常被認為比北半球最近所浮現的平地年代來得久遠。

地理學家杜蘭德·柏特（Donald w. Patten）以及工程師沙米爾·威德森（Samuel L. Windsor）卻另有見解。他們辯稱，受到不尋常撞擊的受害者並非火星的北半球（其他學者所聲稱），而是南半球；他們認為南半球比北半球坑洞較多的原因，是因為其遭受宇宙碎片的撞擊較多──南半球的表面並不如北方平地年代來得久遠。

雖然他們本身並無說明其關聯性，然而他們的發現卻激發出一種可能：北半球表面地殼的流失，並非由於直接的撞擊，而是南半球破壞性撞擊所產生的效應。

目前太陽系中有9大行星：水星、金星、地球、火星、木星、土星、天王星、海王星以及冥王星。柏特和威德森的理論是：曾有一個小的第10行星，於火星和木星之間運轉，也就是發現行星帶的那個區域，但它後來與火星發生撞擊。

他們將這顆假定的行星取名為亞述德拉（Astra），並相信它如飛

蛾撲火般地被吸往火星，在進入火星的洛希極限（Roche limit）後便被摧毀。

◀圖3-30
小行星帶起
源 值 得 探
討。

　　洛希極限是天文學家所使用的專業用語，它指的是環繞任何質量足以產生2～3半徑範圍引力場的大型物體的地帶；實際上，它是個危險地帶，任何質量較小或引力場較弱的物體一旦進入此地帶，不是很快地被其電磁場逐出，就是受制於強大的潮汐壓力而遭分解。

　　洛希極限是一個看不見的神奇力場，當行星的洛希極限有物體入侵，它便會像生物一般地摧毀入侵者以求自衛。這時，數以千計的碎

片如雨般落下；有的碎片甚至很大，行星便遭受到嚴重且無法抹滅的破壞。然而，這樣的破壞遠不如兩個行星大小的實體相互碰撞來得嚴重。

柏特和威德森相信亞述德拉進入了離火星5千公里的範圍內，正好在洛希極限裡，之後便被引力及電磁力分解——所有的碎片在同一時間以高速及相同方向朝面向它的火星半球衝去。

這兩位研究人員找到許多足以證明火星南半球遭受重擊的證據，他們指出，在火星上有一條坑洞密度的分隔線，那條線便是撞擊結束的位置，也是火星北半球的起始點。這條分隔線對於支持洛希極限理論的人，是顯而易見的；至目前為止，那些不相信行星災難說的天文學者便無法看出其微妙之處：

此分隔線的最北起自於火星的西北邊，北緯40度、西經320度的地方，最南則位於南緯42度、西經110度的地方，坑洞的分隔線並不難辨識，若火星的一側歷經長達15分鐘的碎片撞擊，這分隔線應該就在那裡沒錯了。

如同那些提議選擇性撞擊的學者，這兩位研究人員的最大弱點便是：他們無法提出一個具說服力的架構，來證明他們所假定的第10顆行星亞述德拉確實與火星發生撞擊。

雖然只有少數學者認同柏特和威德森的假設，但並不代表他們就是錯的。再者，就算他們在過程結構上或許大錯特錯，但在其他方面，可能是百分之百正確的。

目前許多科學家相信，亞述德拉或者某種與其相似者是確實存在的，當然，並無人反對那些無以計數、悠遊在火星和木星之間行星帶的岩石碎片，是源於爆裂的第10顆行星的原理。

確實，早於1978年美國華盛頓天文台的天文學家湯姆‧維‧富蘭德林（Tom Van Flandem）在學術雜誌《伊卡爾》（Icarus）中即提出相關論點；雖然他承認自己想不出為何行星會爆裂，但卻提出頗具說服力的證據，來證明位於火星和木星之間的第10顆行星確實遭受破壞——他認為約發生於500萬年前，且第10顆行星可能是行星帶以及進入內部太陽系的彗星的來源。

柏特和威德森的其他中心理論，集中在火星南方的大量撞擊。至少這一點比北半球可統計的稀疏撞擊來得可信，而且有越來越多的證據顯示，火星南半球確實為此類轟炸的目標。

西元2004年，科學家利用送上太空的史匹哲太空望遠鏡，終於發現了太陽系的第10顆行星。

◀圖3-31
美國發現太陽系第10顆行星。

137

這顆行星比太陽系所有已知行星距離太陽都遠，和太陽之間的距離是冥王星和太陽之間距離的3倍多，暫時命為「塞德娜」（Sedna）。

塞德娜是愛斯基摩人傳說中的海洋女神。

科學家根據他們的觀測，估計這顆行星的直徑約為2千公里，也可能比直徑2,250公里的冥王星大一些，但也可能只有冥王星的3/4大。

另有人指出，哈伯太空望遠鏡也曾觀測到這顆行星。

美國航空暨太空總署也曾公布所發現新行星的有關詳情。

以美國加州理工學院教授布朗為首的科學家進行觀測時，發現了這顆新行星，而這項觀測計畫目前只進行了一半。

初步計算顯示，塞德娜位於海王星軌道以外充滿細小星體的庫伯帶（Kuiper Belt），距離地球約100億公里。

庫伯帶內的小星體可能是一些石塊和冰塊，但也可能有一些像冥王星大小的星體。

科學家在1930年發現冥王星，塞德娜是他們近80年來發現的最大的環繞太陽運行物體。

布朗等人推算，塞德娜表面溫度不會超過攝氏零下200度，因此是太陽系內最寒冷的星體。

伊卡黑石古代遺跡中不可思議的人類祖先

1

神奇的伊卡黑石

秘魯納斯卡平原有聞名全球的納斯卡地上巨大圖案，北部一座名為伊卡（ICA）的小村莊裡，有一座石頭博物館，館中陳列著一萬多塊刻有圖案的神秘石頭，上面雕刻著許多令人難以置信的圖畫，記錄的是一個已消失、極其先進的人類遠古文明，而且有許多爬蟲類圖案，這些石頭畫被稱為「伊卡黑石」（Ica Stones）。

◀圖3-32
伊卡黑石的報導。

　　博物館裡這批雕刻著圖案的石頭，是在伊卡河決堤時開始大量地被人發現的。這是在20世紀1930年代開始，秘魯伊卡市文化人類學家賈維爾‧卡布里拉博士的父親，在古代印加人的墳墓中所發現，數百塊用於儀式的葬禮石。

　　卡布里拉博士後來繼續其父的研究，收集到了2萬5千塊這種石頭。這些石頭年代久遠，刻石依照圖案的類別，可劃分為太空星系、遠古動物、史前大陸、遠古大災難等幾類，其中包括了目前南美洲不存在的動植物，以及6千5百萬年前已滅絕的恐龍。

　　伊卡黑石是當地的安第斯山石，表面覆有一層氧化物，而且無法用放射性碳-14追蹤考證其歷史年限，經德國科學家的鑑定，石頭上的刻痕歷史極為久遠，而發現刻石的山洞附近，遍佈著幾百萬年前的生物化石。

　　伊卡黑石通常只有拳頭大小，但最大的重量可達100公斤。石頭上雕有各種畫面，包括恐龍攻擊或幫助人類圖、先進天文技術、醫學手術（人類行心臟手術和大腦移植手術）、地圖，甚至雕有「色情畫面」（這在印加文化來說是很普通的）。

▶ 圖3-33
伊卡黑石中腦外科手術。

▶ 圖3-34
伊卡黑石中器官移植技術。

有些石頭畫面是一些人或類人生物正在做心臟手術；有的畫面是表現他們用望遠鏡遙望星空的情景；還有的畫面是人類騎坐在一些大穿山甲的背上遊逛。更教人迷惑不解的畫面是，一些人或類人生物正乘坐著一些古怪的飛行器遨遊太空。

伊卡黑石上的神秘畫面均是雕塑而成的，這些雕刻的畫面雖然顯得粗糙，但畫意簡明易懂。有些畫面很像是地球的東半球和西半球的地圖，在這些刻出的地圖上，不僅有今天已知的各大陸，還有像雷姆利亞、亞特蘭提斯等已消失的古文明大陸，而且這些大陸所處的地理位置，與傳說中在幾百萬年前所處的地理位置相同。

這些「伊卡黑石」上的畫面，除地圖外，還發現有騎著史前大象和多趾馬的人類的形象，這類多趾馬則是現代馬最遠的祖先；還發現有動物騎者坐在一些巨大動物脊背上的畫面，這些動物長著類似長頸鹿一樣的頭和脖子，牠們的身體很像駱駝，這些巨大的古代動物早已在幾百萬年前就滅絕了。

此外，還有一些正在獵殺恐龍的場面，這些恐龍包括三角恐龍、劍龍和翼龍，而這些逼真、喻意深刻的「伊卡黑石」雕刻畫，是按一定的嚴格順序排列的。

伊卡黑石中可以清楚地看到人與恐龍生活在一起的情況，以圖上的比例來看，所畫的人類與恐龍身材比例並不懸殊，約略是人類與家畜的身材比例，恐龍像是一種家畜，或是當時人們馴養的動物，幾乎比較著名的恐龍類型，都在這些石頭雕刻裡有出現。

▶ 圖3-35
伊卡黑石上
恐龍的發育
過程有人類
共存。

▶▶ 圖3-36
伊卡黑石上
各種動物造
型。

▶ 圖3-37
伊卡黑石中
人類騎著恐
龍。

▶▶ 圖3-38
馬雅古文明
人騎恐龍的
土偶造型。

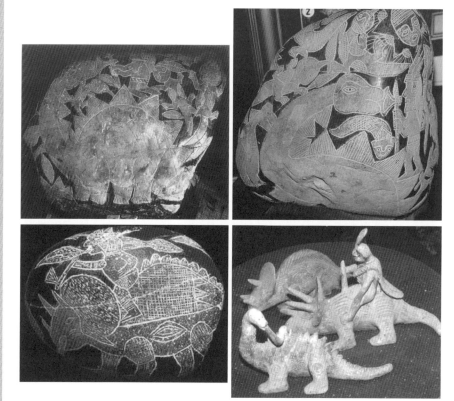

　　此外，中美洲馬雅出土的古文明遺跡中也有許多土偶造型是恐
龍，美國德州一河谷還曾發現人類與三角恐龍並存的腳印遺跡。更有
趣的是，出土的化石還有人類腳印踩死了三葉蟲，三葉蟲生存在距今
3～5億年前，早已絕種了，可是如何解釋呢？

　　而科學家認為恐龍早在一億多年前就消失了，令人費解的是，人
怎麼會和龐然大物的恐龍生活在一起？

　　伊卡黑石有一塊石頭上面雕刻的是一隻三角龍（Triceratops），

此種恐龍長得很像巨型的犀牛，因頭部的三隻角得其名，有一人類騎在三角龍的背上，手裡拿著像斧頭一樣的武器揮舞著。在另一塊石頭上，一個人正騎在翼龍背上。另有一石

◀ 圖3-39
人與恐龍共存的足跡，人腳長５０公分。

頭上刻著一個驚慌的人被一隻暴龍（Tyrannosaurus Rex）追趕。

　　另有一塊黑石上描繪著一個人手持望遠鏡觀察天空的情形，有可能是透過高感知覺掌控或與宇宙中各天體聯絡。

　　石頭上還畫有銀河系，上面有彗星、日環食、木星、金星，以及包括昴宿星系在內的13個星座，可見天文學及占星學其實由來已久，來自另一時空高等生命。

　　有幾個伊卡黑石甚至描繪出1,300萬年前從太空中看到的地球。其中有4塊刻石的圖案酷似世界地圖，這些地圖上描繪的陸地，就是至今仍為謎團的遠古大陸——亞特蘭提斯大陸、姆大陸和雷姆利亞大陸，經科學研究這4塊石頭的確是1,300萬年前的地球地圖，而且非常精確。

　　伊卡黑石描繪著高超的醫療技術，如大腦移植，以及如何克服移植過程中的器官排斥反應，而這些技術在現代醫學中才剛起步。其中有一幅黑石圖案，描繪從孕婦的胎盤中分離出某種泡沫狀物體，並且

143

注入等待移植的病人體內，這是典型的器官移植。

黑石中還描述了醫療手術中，利用類似中醫的針灸進行麻醉的技術。有些石頭甚至刻著有關遺傳基因及生命延長相關研究的圖案。

更為奇妙的是，某些伊卡黑石的圖案與納斯卡平原上的某些巨型圖案相同，高原上上千條由卵石砌成的線條，是什麼人做的？何時做？如何完成？又有何意義？至今仍是個謎，而這些線條與伊卡黑石之間有無聯繫？

2

解讀伊卡黑石：用高科技改造生物

由於演化論並非正確，人類與猿猴並非有共同祖先，人類的祖先更不是猴類，1億8千萬年前，宇宙聯盟一群擁有高科技的外星生物來到地球，當時的地球處於原始狀態，沒有人類與類人猿，外星生物引用與現代生物技術相同的重組DNA技術（Recombinant DNA technology），也就是俗稱的遺傳工程，來創造生命。

當初所創出的生物是原始恐龍，但與我們印象中的恐龍不同，是體型較小的水棲恐龍，也就是類似蜥蜴的爬蟲類與兩棲類，接著再改良成具羽毛的蛇，亦即與馬雅文明有關的阿茲特克（Aztec）文明中的羽蛇神（Quetzalcoatl）這類生命體，這是人類的起源，因為創造地球生物的外星高

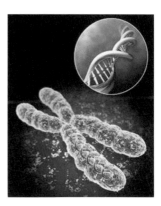

◀圖3-40
伊卡黑石中描述了近代遺傳工程技術。

等生物是恐龍人、爬蟲類人，所以如舊約聖經所言：「照我們（請注意是複數）的形象造人。」

但是，在這之前曾創造出不滿意的許多生物，其中一種即是類人猿。

接著在原始海洋中所創造的生物，要以遺傳工程方法來改造，而所有以高科技改造的醫學工程的所有過程，在伊卡黑石上都有記載。

　　伊卡黑石就是實驗現場的紀錄，有針對尾骨及腦下垂體的手術，並改變DNA結構；有將大腦切成兩半，使兩半球各司不同功能；有修改生命體以改良消化器官，如將舌頭形狀改變，以調整發聲系統，改造生殖功能，使原本雌雄同體的卵生生物，轉變為雌雄異體，分為男女不同性別，聖經上拿亞當的肋骨造夏娃，其實就是此一手術的完整過程。

羽蛇神：人類
真正的祖先

羽蛇是瑪雅人信奉的造物神，西班牙語叫Quetzalcóatl，英文為Quetzalcoatl，feathered snake，plumed serpent，羽蛇神原始名字叫庫庫爾坎（kukulcan），是馬雅人心目中帶來雨季，與播種、收穫、五穀豐登有關的神。

事實上，羽蛇神是在托爾特克（Toltec）人統治瑪雅城時帶來的北方神，目前中美洲各民族均普遍信奉這種羽蛇神。

羽蛇神為長羽毛的蛇形象。最早見於奧爾梅克文明，後來被阿茲特克人稱為「奎茲爾科亞特爾」（Quetzalcoatl），馬雅人稱作「庫庫爾坎」。

◀圖3-41
羽蛇神：人類真正祖先。

147

按照傳說，羽蛇神主宰著晨星，發明了書籍、立法，而且給人類帶來了玉米。羽蛇神還代表著死亡和重生，是祭司們的保護神。

羽蛇神的另外幾個同類，包括了被剝了皮的東神——西佩托特克；戰爭之南神——惠茲洛波特利；夜神與北神——黑色的特茲卡特里波卡；羽蛇神自己則代表西方之神。羽蛇4個兄弟彼此之間相互爭鬥，都希望成為至高無上之神，從而使世界邁進5個連續的時代，也就是「5個太陽紀時代」。羽蛇神統治的是第二個時代，也就是「四風時代」。

依照美國蒙托克計畫，M檔案以及另外來自另一銀河系的訊息，宇宙聯盟的高科技生物創造的人類祖先是羽蛇神，之後經過幾次改造，才造成現代人類，所以羽蛇神當初在馬雅文化中的地位很高。

古典時期，馬雅「真人」所持的權杖，一端為精緻小形、中間為小人一條腿化成的蛇身、另一端為一蛇頭。到了後古典時期，出現了多種變形，基本形態完全變了，成為上部羽扇形、中間蛇身、下部蛇頭的羽蛇神形象。在人類古文明及宗教經典中，如蛇般的爬蟲類是常見的動物，理由已經非常清楚。

羽蛇神與雨季同來，而雨季又與馬雅人種玉米的時間相重合。因而，羽蛇神又成為馬雅農人最為崇敬的神，在現今留存的最大的馬雅古城奇岑－伊紮中，甚至有一座以羽蛇神庫庫爾坎命名的金字塔。

金字塔的北面兩底角雕有兩個蛇頭。每年春分、秋分這兩天，太陽下山時，可以看到蛇頭投射在地上的影子會與許多個三角形連套在

一起，成為一條動感很強烈的飛蛇。象徵著在這兩天羽蛇神的降臨和飛升，據說，只有這兩天才能看到這一奇景。所以，現在已經成為墨西哥的著名旅遊景點。

過去馬雅人可以借助這種將天文學與建築工程精湛地融合在一起的奇觀景致，準確地把握農時，而與此同時，也準確地把握崇拜羽蛇神的時機。

羽蛇神的形象還可以在馬雅遺址中著名的博南派克畫廊等處看到，形象與中國人發明的牛頭鹿角、蛇身魚鱗、虎爪長鬚，能騰雲駕霧的龍，有幾分相像。起碼在蛇身主體加騰飛之勢，也就是羽蛇的羽毛基本組合上，是一致的。所以有人說，馬雅人的羽蛇神是殷商時期的中國人所帶過去的中國龍。

M檔案中與人類起源有關的星座

與人類起源有關的外星生物，存在於下列各星座：

1

天琴星座

這是銀河系所有類人類（humanoid）生物的故鄉，其內的外星生物由能量界轉入物質界，後來經戰爭及分裂，又加上逃難，而成為許多星球（包括地球）的移民。

以天文學而言，天琴座（Lyra）是北天星座之一，位置在天龍座、武仙座和天鵝座之間。座內目視星等亮於6等的星有53顆，其中亮於4等的星有8顆。夏夜，在銀河的西岸有1顆十分明亮的星，它和周圍的一些小星一起組成了天琴座。

▶圖3-42
天文學上的
天琴星座。

天琴座中最亮的 α 星就是聞名的織女星（vega），英文字源自於阿拉伯語的「俯衝而下的禿鷹（swooping vulture）」。距地球25光年，是全天空中

第5亮星，亮度為太陽的25倍。織女星典故來源於中國古代「牛郎織女」美麗的神話故事，也是情人節由來。而在織女星旁邊，由四顆暗星組成的小小菱形，就是織女織布用的梭子。

科學家認為，天琴座流星在2,600年以前已經出現，中國歷史也記載，天琴座流星雨在西元前687年出現。

現代的天琴座在更古老的星圖中，是被描繪成禿鷹的形象（Vultur cadens）。它與天鵝座及天鷹座，代表著被古希臘神話中的英雄赫拉克勒斯，在其第6項任務中所殺的斯廷法羅斯湖怪鳥（Stymphalian Birds）。

但天琴座本身代表的，就是由希臘神赫密士創造的樂器。赫密士把這個豎琴送給阿波羅，阿波羅再將其轉送予奧菲歐，他是個彈琴的高手，只要他一彈琴，就會造成河川停止流動。

這把琴製作精巧，經奧菲歐一彈，更是魅力神奇，傳說琴聲能使神、人聞而陶醉，就連兇神惡煞、洪水猛獸，也會在瞬間變得溫和柔順、俯首貼耳。

50億年前，在宇宙存在有一團能量，為宇宙的始源，名稱很多，有稱之為神的心（God mind），美國秘密政府則稱之為

◀圖3-43
天琴星與地球人起源有關。

151

異形（Alien），西方宗教則是天使，中國宗教有稱為無極者，這是一種高次元空間的能量態生命體，與乙太（ether）有關。

　　距今40億年左右，這群來自舊宇宙（美國蒙托克計畫用語）的生命體進入天的河川另一邊，也就是本銀河系，目的在體驗物質生活，於是進駐天琴座，是半靈（能量）半物質生命體，這群生命不會開發武器，也沒有戰爭攻擊概念，完全是嘗試由能量態進入物質態而已，其形體有多種，也會變來變去。

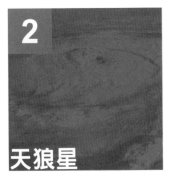

2

天狼星

天狼星（Sirius，α CMA）是夜空中最亮的恆星，其視星等為-1.47，距太陽約8.6光年。天狼星實際上是一個雙星系統，其中包括1顆光譜型A1V的白主序星，和另一顆光譜型DA2的暗白矮星伴星天狼星B。

天狼星屬大犬座中的1顆一等星，也是冬季夜空裡最亮的恆星，天狼星、南河三和參宿四在北半球組成了冬季大三角的三個頂點。

古埃及人稱天狼星為Sothis，原意是「水上之星」。天狼星的英文名稱來自於拉丁語Sirius，古希臘語是「熱烈」或「炎熱的天氣」之意。日本土語則稱之為青星（Aoboshi）。

在中世紀的占星學

◀圖3-44
天狼星是晚間天空中最亮的一顆星，它距離地球8.6光年遠。

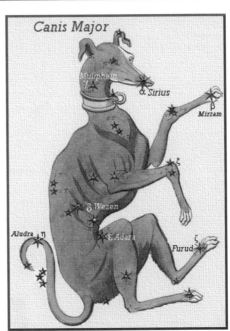

◀圖3-45
小犬星座。

153

中，天狼星在古埃及，每當黎明時從東方地平線升起時（這種現象在天文學上稱為「偕日升」），正是一年一度尼羅河水氾濫之時，河水的氾濫，灌溉了兩岸大片良田，於是埃及人又開始了他們的耕種。

古埃及人也發現，天狼星兩次偕日升起的時間間隔，不是埃及歷年的365天，而是365.25天，於是把黎明前天狼星自東方升起的那一天確定為歲首。目前全球各國普遍使用的「西曆」這種曆法的前身，最早就是從古埃及誕生的。

金字塔的建造其實是與天文學有關的。天狼星是少數與金字塔相關的星球之一，另一星座是獵戶星座。

異形是一團能量，無法在所謂物質世界，也就是星狀（astral）世界中生存，唯有轉變成半能量半物質生物才行，俗稱的ET就是此種類，一般叫ET為外星人，其實譯得並不切題，ET英文原意是拉丁語Extra-Terrestrial，也就非地球領域（生命體），亦即由全能量態轉成為半物質（靈）半能量的星球生物，由於全能量生命體在西方宗教上稱為天使，所以ET是一般所稱的墮落天使（oharu）。

透明人的能量振動周波數很高，他們是爬蟲人的創造者。

▶ 圖3-46
墮落天使
oharu。

這個透明人是透過一個群意識（mass consciousness）聯繫在一起，類似一種超靈（over soul），在物理層面，他們顯化出的一些特徵，看起來線條感很分明，而且像是雄性。

　　透明人本身無法維持物質態肉體，也就是無法進入物質世界，由於天狼星人是宇宙間的商人，如同軍火販與高科技提供者，於是透明人就找天狼星人協助，天狼星人看上了善良的天琴座人，藉由改造天琴座人的DNA而創造了爬蟲類人（Reptilian），居住在天龍星座。

　　由另一角度看，由於爬蟲類人需要物理層面上的基因結構，因為還是非實體態的生命體，所以才會從已經顯化成實體態的天琴星人那裡獲取基因，天琴星人有著金黃或深紅髮色，藍色或綠色的眼睛。這些基因隨後和這個非實體態爬蟲類族的集體能量混合，隨後才顯化出爬蟲人的形態，這也是為什麼爬蟲人，需要從雅利安（Aryan）血統的人種獲得基因，來維繫他們存在這個世界的原因。

　　爬蟲類人DNA的特性就是強悍，具侵略性，想同化宇宙間其他生物，也因為如此，便與天琴座人發生了星際大戰，這是提供技術的天狼星人所始料未及的。

Sirius A

◀ 圖3-47
天狼星人的
推想外觀。

3
天龍星座

　　天龍星座（Draco）是北方的星座，是幅員廣闊的星座，面積有1,083平方度，寬度約50度、深度則約40度，環繞在小熊座四周，Draco是龍的拉丁文寫法，天龍星座是88個現代星座之一，也是托勒密（拉丁語Claudius Ptolemaeus）所定的48個星座之一。

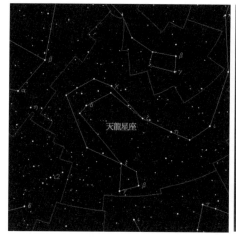

　　大約在西元前2,700年，右樞（Thuban）（天龍星座α）是古埃及人所見的北極星。因為歲差，天龍星座α於大約西元21,000年會再次成為極星。

　　雖然右樞的拜耳命名為天龍座α，它卻不是天龍座最亮的星。其目視星等為3.65，比起最亮的天棓四（Eltanin）（天龍座γ）的亮度

2.23還低1度。

天龍星座有幾組值得留意的雙星，即天棓二（Kuma）（ν Draconis），包含了2顆亮度4.9的星，彼此相距62角秒，用望遠鏡便可以分辨。

天龍座R星（R Draconis）以及天龍座T星（T Draconis）是芻蒿變星。天龍座R星星等在6.7至13等之間，周期245.5天；天龍座T星星等在7.2至13.5之間，周期421.2天。

近來常被提出討論的貓眼星雲（Cat's Eye Nebula，NGC6543，科德韋爾6）是位於天龍星座的一個行星狀星雲，是已知星雲中結構最複雜的其中之一，哈伯太空望遠鏡的高解析度觀測圖像，揭示出其中獨特的扭結、噴柱、氣泡以及纖維狀的弧形結構，中心是一顆明亮、熾熱的恆星，約1,000年前，這顆恆星失去了它的外層結構，從而產生了貓眼星雲。

◀◀圖3-50
典型天龍星人。

◀圖3-51
天龍星人早就有複製技術，圖為人類第一頭複製羊。

　　在占星學上，龍族具有相當意義，對個人運勢與個性有影響力，天龍星座生物共有7種，居領導地位的是長翅膀的爬蟲類人，大多雌雄同體，靠複製（clone）生殖，今天地球上生物以及太陽系中生物起源，與天龍星座人有著密不可分的關係。

第四章

星際大戰：諸神間的紛爭

如果將比人類科技更高的
生物定義為「神」的話，天琴
座人與天龍座人的戰爭，便是
諸神間的星際大戰。

天琴座人與天龍星座人的戰爭

爬蟲類人的外星族類，他們似乎可以「平空」進入／離開物理現實世界。這些爬蟲類人可使用較低的星光層（Astral Plane，有人稱第四度空間頻率帶）作為他們的據點，或者叫進入地球人的三度世界切入點。這是那些地球人看不見、於星光層上的惡魔傳說來源。

▶ 圖4-1
爬蟲類人形
象之一。

美國蒙托克計畫的某些研究人員認為，這些生物是很久以前，被一些未知的其他ET帶到天龍星座，但沒人知道這些爬蟲類人的真實來源。

在爬蟲類人生存的那個未來，人類已經不再存在，爬蟲類人這個族類並不發源於地球人所生存的宇宙。他們族類旅行到遙遠的「過去」，是為了創造出一種新的生物，即爬蟲類人，用來對抗和測試地球人類。

爬蟲類人從實態星層上被創造出來，接下來需要一個實體態的據點，來展開任務。這些顯化的爬蟲類人被帶到各種不同的「現實世界」，在那些地區可以成為支配者。

在意識方面，爬蟲類人的基因編碼（code）主要是去征服和吸收遭遇到的所有其他族類和物種，而那些無法被吸收、支配的族類，將被清除。所有這些，都是為了驗證出某種「完美」的可適應性，和足以挑戰任何環境的族類。所以，才會有如同一場宏偉的、跨宇宙的生存抗爭。

爬蟲類人相信自己有最強而有力的生物物理結構。用今天遺傳工程技術的觀點來看，爬蟲類人的DNA經過極長的時間也不會有大的變化，也就是說，具有不容易變異的特性，所以他們的DNA在歷經千萬年後，依然可以大約保持原始狀態。反過來說，又足以證明他們已接近完美，已經不再需要有進一步的適應能力，與之形成對比的，是地球哺乳類動物，則需要不斷地適應環境。

依爬蟲類人的思維，這種必須不斷演化的生物族類是脆弱和低等的。爬蟲人是雌雄同體，這是大多非物理形態生命的共同特徵，也是最接近宇宙融合本源的完美呈現。

▶ 圖4-2
爬蟲類人之
形象。

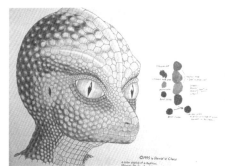

　　而這個宇宙的神性意識，同樣是兩種極性的統一。種種的原因，讓爬蟲類人相信他們相對於其他族類，更像是支配者。這種優越感和價值觀，讓爬蟲類人認為，他們來主導這個空間──時間宇宙是理所當然的。

　　爬蟲類人通常是作為一個整體來看待，透過一種集體意識，來協調思維和行動，不過他們還是分為7個不同的支種族，不同的支系則對應不同的功能。

　　目前印度教的種姓制度，是爬蟲類人7層級社會形態的一個翻版。

　　而爬蟲類人有一種根深蒂固的傳統觀念，也就是在宇宙中四處征討，並認為必須毀滅、征服更低等的任何生命。

▶ 圖4-3
蜥蜴人。

　　正因為這些原因，所以爬蟲類族自詡為宇宙間超越其他物種的最完美生物，也有奴役其他種族的傾向。

162

　　天琴星人當時並沒有什麼防禦體系，所以成了爬蟲類族首要攻擊的目標。天琴人的故鄉被爬蟲類族帝國猛烈地攻擊，倖存下來者，則四散逃亡到銀河系的其他星球殖民，這次對天琴座的宇宙戰爭，餘波至今還能被科學家觀察到。1985年媒體報導，有科學家觀測到銀河系當中有爆炸痕跡，推測此一爆炸是幾百萬年前發生，以扇形向外側放射而出，由於爆炸威力很強，到今天爆炸波仍持續向外擴散中。

　　部分天琴星人逃亡到了獵戶星座，太陽系的火星與矛迪克星（Maldek，又稱 X 星球，Planet X），後者這2個星球在當時有大氣層、水與海洋，於是天琴星人開始在這2個星球上安頓下來。

　　有些天琴人逃到了鯨魚座（Tau Ceti）、昴宿星團（Pleiades）、南河三（Procyon，小犬星座最亮恆星）、安塔利安（Antaries）、半人馬座 α 星、佛蒙特（Barnard，距離太陽第四近的恆星，約5光年多）、六角星（Arcturus，牧夫星座中最亮的恆星，也是天空中第3亮的恆星），以及其他幾十顆恆星，其中一顆就是太陽。

　　逃到太陽系的天琴人在火星殖民，當時火星是處於距太陽第三的位置。另一顆矛迪克星的行星則距離第四。

　　在天琴人的社會，紅髮被認為有可以聯繫物質與非物質世界的超感能力，因為這個原因，紅髮的天琴人到了可繁衍後代的年齡尤其被大家所喜愛，因為所生下的小孩，也會繼承這些超能力的基因，但這種婚姻需要得到許可才行。

　　爬蟲類人渴望這些基因，因為那時爬蟲人還不具有太多的心靈直

覺能力。後來，每當爬蟲類人來到一處天琴人的星球，天琴人都被迫
獻出紅髮天琴人來取悅爬蟲類人，後來演變成了某種祭奉魔鬼的犧牲
儀式。

爬蟲類人族橫跨銀河系，一路追趕天琴星人到了太陽系，並且攻
擊了天琴星人在火星及矛迪克星這兩星球上的殖民地。

星際大戰與遠古太陽系的重新整合

1 爬蟲類人引發星球相撞

爬蟲類人常常利用鑿空的技術，將小行星或者彗星改裝成他們的飛行器以及武器，於是，爬蟲類人將一顆巨型結冰的彗星射進了太陽系，企圖要摧毀天琴星人的殖民地。

爬蟲類人喜歡用彗星或者小行星來當作武器和飛船，他們使用一些行星來作為星際旅行的母船。爬蟲類人可造出一個小的黑洞，來作為行星的推進器，當作軍事用途的話，則可利用粒子束加速器把隕石、小行星投向目標。

天狼星人擁有這些技術，而當時天狼星和獵戶星座已經處於相互敵對的戰事中，這種敵視一直延續到當今。值得注意的是，獵戶星座的那些生物曾經是類人族，因為天琴人在獵戶星座也曾有很多殖民地，但隨後全都被爬蟲類人所占領。

◀圖4-4
獵戶星座如一位獵人。

165

　　另一方面，天狼星人和爬蟲類人族一直相互貿易，天狼星人甚至賣武器給天龍星人，天狼星人是銀河系的軍火販子，也是高科技提供者。

　　爬蟲人把一顆龐大的冰彗星投向火星和矛迪克星，準備作為征服的基地，但誤算了軌道，當這顆冰彗星進入太陽系時，造成天王星的兩極反轉。使天王星在現今太陽系中，成為唯一由北向南自轉的星球，不像其他星球由東向西自轉，正是因為過去這個巨大引力的緣故，占星學上視天王星與眾不同，是搞怪星球，也是這個原因。

▶ 圖4-5
遭受撞擊的
矛迪克星。

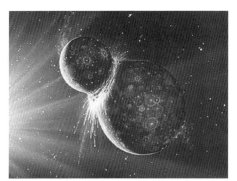

　　由於爬蟲類人對冰彗星行進軌道計算有些偏差，冰彗星受擁有巨大氣體木星的牽引，軌道偏離而直接撞上矛迪克星。在矛迪克星、冰彗星與木星三者的壓力與引力交互影響之下，造成矛迪克星爆炸，爆炸後的碎片，形成了當今的太陽系小行星帶，位在火星與木星之間。

　　而這些爆炸後碎片，被木星與土星的引力所吸引，便成為了這兩顆行星的許多衛星。根據最近天文發現，土星環的成分正是冰與隕石。這些可能是當時矛迪克星爆炸後的碎片。

　　當時矛迪克星可說是一顆巨大的星球，其大小正界於火星與木星之間。

166

◀圖4-6
土星環的成
分是冰與隕
石，可能是
矛迪克星爆
炸後的碎
片。

另根據蘇美人粘土板考古記載，遠古時期在土星與火星之間的行星稱為迪亞瑪特（Tiamat）。迪亞瑪特也曾與矛迪克星相撞，迪亞瑪特星球半毀，一半的碎塊形成了小行星帶，另一半則形成地球。依估計時間，已經超過45億年，而人類的文明卻是相當近期的事。

根據研究指出，太陽系的歷史可回溯到50億年以前，這中間還有將近5億年的差距，但迪亞瑪特星是否就是冰彗星，則有待進一步探討。

更有人認為迪亞瑪特星球可能在當時一半成為地球，另一半成為矛迪克星。其後，矛迪克星被天龍座爬蟲類人的冰彗星所摧毀，之後才出現小行星帶。

而這顆冰彗星接近火星時，因為引力太大，於是將火星上大部分的大氣層、海洋、與水分吸出火星，之後這些火星的海水進入了地

球，經由極化效應（Polarization），使得地球兩極開始結冰。最後，地球與這顆冰彗星位置互換，於是這顆冰彗星變成第太陽系中第二個行星，地球被推到第三的位置。這顆冰彗星最終變成了太陽系中大家所熟知的金星。

▶ 圖4-7
金星表面覆蓋了濃厚雲層。

因為冰彗星（金星）相當接近太陽，造成彗星上的冰開始融化，而這些融化的冰變成了水蒸氣，這也是為什麼目前金星表面覆蓋了濃厚雲層的原因。

天文學界直到最近才開始承認月球與火星都有冰的存在，甚至還認為，遠古時期的火星帶有海洋。

由於地球位置被往外推，變成了太陽系第三顆行星，地表也開始浮出，變得適合生命居住，於是爬蟲類人駕駛著另一艘改造的小行星進入地球軌道，為了殖民與監控地球，將這顆行星推進環繞地球的軌道，也就是現在的月球。

月球與地球一樣是中空的，爬蟲類人將這顆小行星的內部挖空，改造成可以航行的母船。如果將月震儀置於月球表面，可以發現月球會像中空物體一樣，造成迴響，像個鐘一樣，而且時間可持續幾天，甚至一週以上。

地球上最早的完整殖民者是爬蟲類人，所以他們一直認為地球是他們的屬地，而地球人類對爬蟲類人而言，正是所謂的入侵者（intruder）。

2

地球變革與古文明大陸形成始末

爬蟲類人在當時占領了地球海洋中冒出的一塊大型陸地，也就古文明稱之為失落或沉沒的文明——「姆大陸」（Mu）或稱「雷姆利亞」（Lemuria，兩個古文明可能是同一個），所在地點就是現在的太平洋。姆文明延續了數萬年之久，也發展出巨型城市與高度的文明，時間大約是紀元前80萬年左右。

目前所有環太平洋的幾個地區，如日本、台灣、菲律賓、印尼，紐西蘭、澳洲、南太平洋群島、夏威夷群島、復活節島，以及加州聖安德列斯斷層以西等，都是姆大陸所留下的遺跡。

遠古時代的太陽系，與我們目前所認知的太陽系有很大的不同。

地球在遠古時期，曾經是由太陽算起是第二個環繞太陽的星球，並不是如現在的第三個星球，當時地球上覆蓋了大量的水，就連大氣中的水含量也相當高，可以說是個由水組成的星球。

而火星在當時是第三個環繞太陽的星球，然後排在火星後面的，是一顆早已經毀滅消失的星球，即矛迪克星，所在位置就在火星與木星之間。

當時的太陽系，在矛迪克星之後是土星、天王星、海王星，太陽系的星球在當時是沒有冥王星的。

而地球人類的發源，與天琴星座及星際大戰有著密切關係。

當地球是太陽第二顆行星時，表面幾乎全是海洋，只有很少的一

點陸地,唯一有智慧的生物,是沒有任何科技文明的兩棲類,地球的大氣也幾乎是液態霧,環境並不適合類人生物生存。

　　逃亡的天琴星座人後裔經過數代後,重新發展出新文明,但天琴星座人的基因朝著完全不一樣的方向演變,因為在不同的星球上延續出了不同的集體意識。那個時候,火星和矛迪克星與現在的地球環境比較近似,有溫暖的氣候,及富含氧的大氣層。而矛迪克星的引力大過火星,與這樣的重力環境相適應,矛迪克星上的天琴星人身體變得更加結實,意識也更加積極好勝。

▶ 圖4-8
近似地球人的爬蟲類外星人。

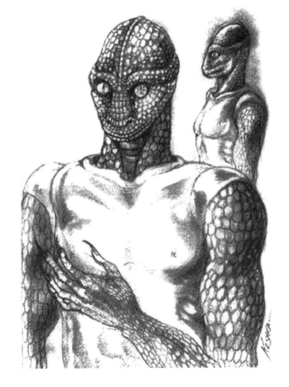

　　一開始時,小的衝突開始出現在雙方之間,火星富含資源,矛迪克星的居民希望得到更多的支援,火星人開始做好抵禦準備,向天狼星 A 的一顆叫肯姆(Khoom)的行星尋求幫助,希望天狼星人能保護火星不受攻擊,只為了抵禦兩種來自隣居的威脅,即爬蟲類人和類人族。天狼星人在這

個銀河系是善於經營科技貿易的，擁有最好的科技，甚至其中一些技術出售給了爬蟲類人。

天狼星人於是幫助火星人在火星地表下建立了一套防禦機制。

火星是空心行星，包括地球和木星也是，行星是由恆星噴射出的物質團聚形成，所以都擁有空心的內部。當融熔態物質團在恆星最開始的自旋過程中被拋出後，逐漸冷卻，高速自轉的離心力不斷將液態和氣態的部分向外層推擠，遂形成「外殼」結構。由於被推擠到四周，中心軸附近便成為相對最薄的氣體出口，逐漸固化的殼壓迫內部高熱的氣流，在兩極形成開口。剩下的融化液態內核和高壓氣體被困在地殼內部，周期性地透過類似火山的形式釋放，這就是火山爆發。

這樣的聯接點，總是位於行星的19緯度線附近，比如地球上的夏威夷火山帶在北緯19度，火星上最高的火山奧林匹斯山，也在19緯度；還有木星的大紅斑，也在19緯度；在火星上，還可以發現天狼星人和天琴星人建造的紀念碑建築，同樣融合了類似的行星幾何原理，可以解釋19緯度現象；埃及基沙高原的金字塔同樣也運用了這一幾何學原理。

爬蟲類人想尋找到所有當初的逃亡者，然後消滅或者同化——用血和體內的生物酶、激素，來作為爬蟲類人的營養來源之一。

各不同星球上的天琴星人組成了銀河聯邦（GF，Galactic Federation），來應對爬蟲類人的侵犯，聯盟包括了110多個不同的星球移民生物，這些加入了聯盟的殖民地，希望拋棄過去的準則，以一

種新的身分和方式來運作共同的議程，聯合起來反抗爬蟲類人。

但這些移民星球中，有3個主要的派系並不願意加入聯盟，這些人被認為是極端主義和民族主義的理想主義者，想要重建天琴星座文明過去的榮耀。其中一個派系叫亞特蘭斯（Atlans，位於昂宿星團的一個行星）。

整個昂宿文明由32個各自環繞7個主要恆星的行星組成，其中16個殖民地屬於天琴星座人的後裔，這些後裔很不滿「不合群」的亞特蘭斯，因為亞特蘭斯面對危機中的類人族同類，居然不願協助。

▶ 圖4-9
昂宿星團在金牛座，在占星學上很重要。

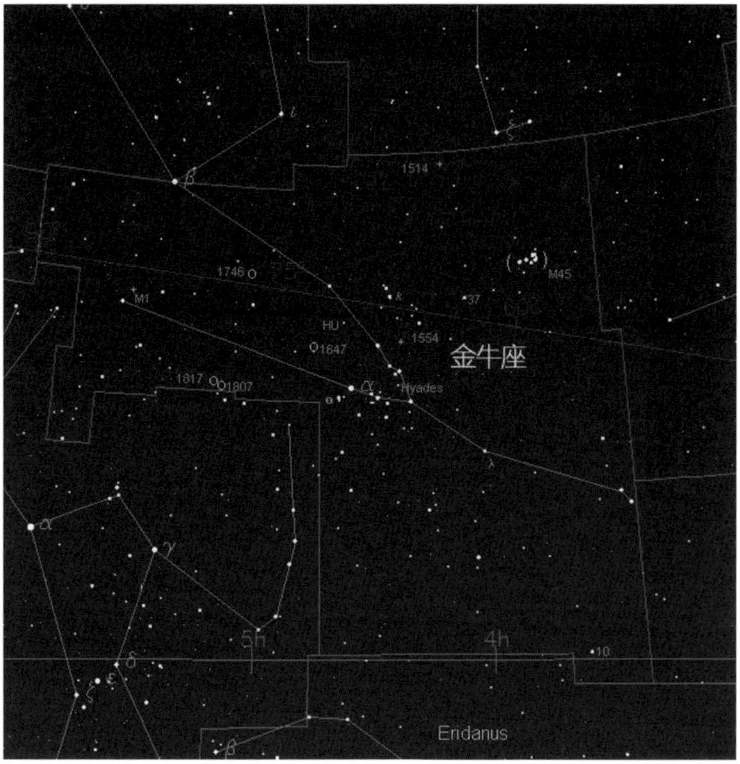

◀◀圖4-10
昂宿星是西
歐及埃及人
的故鄉。

◀圖4-11
昂宿星人文
字。

　　另兩支派系是火星人和矛迪克星人，兩者本來就已經陷入互相的衝突中，於是吸引了爬蟲類人的注意力，爬蟲類人很喜歡使用先分化再征服（divide & conquer）的策略，這通常是阻力最小的辦法。

　　原先爬蟲類人所製造而爆裂的冰彗星曾被推向火星一側，火星的大氣層被強烈地破壞，變得極其稀薄，爆炸還導致火星被推移，軌道距離太陽更遠了。

　　彗星的軌道受干擾後，繼續衝向內太陽軌道，由當時地球的近點越過。兩個星體間的引力干擾，再加上太陽的熱輻射催化作用，使得地球極其稠密的液霧大氣層迅速極化，彗星上大量的冰被地球俘獲，覆蓋住了兩極的開口，另一方面，地球上的大片陸地在液態大氣稀薄後，也開始慢慢顯現了出來。

　　之後，彗星成了太陽系的金星，太陽的輻射氣化了它的冰表面，濃密的大氣裏住了這顆新的行星。而地球現在已經具備了生物殖民的

173

條件，許多從極化中活下來的兩棲類，被運送到海王星上的新家；另一些則繼續生活在地球這個新環境裡。

另有一些住在彗星，即金星空心內部的爬蟲類人，轉移到表面，建造了7個龐大的半球形建築，分別對應爬蟲類人族群結構的一個階層。1980年代紐約一家報紙曾登載了前蘇聯的探測器深入金星的濃密大氣下，拍到了這些白色的圓頂建築，其中的任何一個都相當於一個小型城市的規模。

後來爬蟲類人把一個空心星球推動到了地球的軌道上，也就是現在的月球。傳統上，科學家認為月球是自然形成，但月球永遠只有一面朝向地球，它的自轉周期約為30天，剛好也等於其公轉周期，因此在地球上，永遠無法見到月球背面，有意思的是，金星的自轉周期約為243天，也幾乎等於它的公轉周期，大約225天，唯一不同的是，金星的自轉和公轉反向，所以太陽在金星是由西方升起，而由東方落下。

爬蟲類人在地球上選了一塊很大的陸地作為移民的開始，就是雷姆利亞文明（也就是姆大陸文明）。這是片相當廣闊的大陸，位於現在的太平洋盆地，從日本一直延伸到澳大利亞，另一端從美國加州海岸一直到南美的秘魯，這片大陸過去的中心位置，就在現在的夏威夷群島附近。

爬蟲類人在古文明大陸發展，基於雌雄同體社會結構的文明，帶來了一些生物作為他們的食物來源一，其中之一就是恐龍。他們還創

建了地球上其他動植物。

本質上，生物在他們自己的環境所創造出來的，都是爬蟲類人自己頭腦中一些意識的影射，因此爬蟲類人族會創造出爬行動物恐龍，而類人族會創造出哺乳動物。爬蟲類人族和類人族原本就不是作為這個宇宙的一個和諧意圖，而被安放在同一個星球上的，也就是說，這原本就不是為了共生而設計出來的兩個不同族類。

爬蟲類人和類人族的思維機制也完全不同。爬蟲類人幾乎保持原狀，擴張極其緩慢而穩定，深具耐性，而且善於長時間的沉寂。

另一方面火星人和矛迪克星人一起住在火星內部，火星人需要採取一些措施，以防止不愉快的失控局面。因此，火星人向銀河聯盟申請轉移這些矛迪克星人到其他星球。這個時候昂宿星議會也向銀河聯邦要求，把那些自私的亞特蘭人驅逐出昂宿星團。

銀河聯邦隨後討論出一個兩全的方案：將亞特蘭人遷移到地球上，不但可以滿足昂宿星人的要求，而且如果亞特蘭人生存下來，那麼矛迪克星人也可以遷往地球。這樣一來，人類這一方以及天琴星座人的後裔，把他們內部的一些不被他們喜歡的種族，都推給了地球上的爬蟲類人殖民地。銀河聯盟用這個辦法甩掉了一個包袱，這個包袱將可以吸引爬蟲類人的注意力。這樣，銀河聯盟可以爭取到寶貴的時間，來發展他們的軍事力量以對抗爬蟲類人。

到達地球的亞特蘭人，在另一塊土地上發展出了移民文明，該地叫亞特蘭提斯（Atlantis）。這塊位於現在大西洋位置的大陸，在

當時從加勒比海灣盆地一直延伸到亞速爾群島（Azores）和加那利（Canary）群島，它的西北邊一直到現在美國東海岸附近紐約的蒙托克位置。

移民後的亞特蘭人在地球被叫做亞特蘭提斯族類（Atlantean），由於擅長於技術文明，很快就建立起一個影響力不斷擴張的龐大帝國，那時候恐龍的數量也在迅速增加，威脅到人類的生存。亞特蘭提斯人開始獵殺恐龍，最後，爬蟲類人感到難以忍受。不久戰爭爆發，交戰雙方是爬蟲族的雷姆利亞族和人類的亞特蘭提斯族。

在此過程中，矛迪克星人也移民到地球，建造了自己的殖民地，位於現今中國的戈壁大沙漠、北印度、蘇美及亞洲其他地方。

在兩個大陸的戰爭開始後，矛迪克星人被迫捲入，攻擊了爬蟲類人用來保衛地球免遭外部進攻的前哨——也就月球表面的基地。

好戰的矛迪克星人還用雷射武器轟擊了雷姆利亞大陸部分區域，恐龍在這場戰爭被完全滅絕。戰爭後，矛迪克星人從地球的外太空攻擊爬蟲人。矛迪克星人同樣需要一個沒有爬蟲類人干擾的生存環境。這場大戰很可能是這個行星上真正的第一次全球戰爭。

太陽系再度整合成現今結構

　　另外一項研究指出，大約在距今1億8千萬年前，太陽系有兩個太陽，一是現今的太陽，另一則是木星，較亮的太陽是主星，較暗的木星是伴星，兩個太陽的連星太陽系所占據的宇宙空間具強大力道，以宇宙力學來說，是不安定的狀態，最後終於超出臨界點，經幾百萬年的平衡調整，木星不再發光，而成為太陽系一顆行星。

　　木星是太陽系中體積最大、自轉最快的行星，質量為太陽的1/1000，但為太陽系中其他行星質量總和的2.5倍。木星規模非常巨大，它和太陽的質心位在光球、距太陽中心1.068太陽半徑處。直徑是地球的11倍，但不比地球密實，體積等同於1321個地球，木星的半徑是太陽半徑的1/10。

　　有趣的是，木星是人類迄今為止發現的天然衛星最多的行星，目前已發現有63顆衛星，儼然是一個小型的太陽系。

◀圖4-12
木星是太陽
系中體積最
大、自轉最
快的行星。

177

1

引起恐龍滅絕的不是彗星，是金星

6千5百萬年前地球發生了一次大災難，就是彗星撞地球，引起恐龍的死亡。

其實，恐龍的死亡原因有很多說法，如隕石碰撞說、彗星碰撞說、造山運動說、氣候變動說、火山爆發說、海洋潮退說、溫血動物說、自相殘殺說、哺乳類犯人說，以及壓迫學說等，其中以隕石碰撞說及彗星碰撞說較為科學家及一般人相信。

隕石碰撞說認為，距今6千5百萬年前，一顆巨大的隕石曾撞擊地球，使得統治地球長達1億數千萬年的恐龍滅絕。 這顆巨大的隕石，直徑大約10公里。因撞擊而造成的火山口地形，直徑達200公里。因撞擊而產生的能量，若換算成黃色火藥，則相當於100萬億噸（megaton）。粉塵經由大氣層擴散至成層圈。導致地球持續了數個月的黑暗狀態。在這段期間中，以恐龍為首的6成以上生物，都因此而絕種。

彗星碰撞說是以古生物學者發表的「古生物的絕種是每2千6百萬年發生一次」，之論點而建立的。後來天文物理學者就認為，是由於太陽的伴星復仇女神星的引力，周期性地把彗星推向地球而撞擊的緣故。

這兩種目前較為可靠的說法，都有來自天空的星體撞擊。事實上，這顆星體就是金星。

　　金星原本非太陽系行星，係經星際大
戰太陽系整頓後的外來星體，當金星靠
近地球軌道時，2個太陽的太陽系失去平
衡，地球及當時的小太陽（現在的木星）
平衡發生歪斜，終於與地球磁氣層衝撞，
金星與地殼尚未完全凝固的地球相當，地

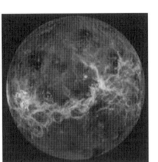

◀ 圖4-13
與地球相當
金星。

殼喪失一部分，強大碰撞力使得岩石飛離地球，成為粉粒，濃厚的粉
塵停留在大氣中，遮蓋陽光達千年之久，由於地球受到黑暗及冰的包
圍，阻絕在大氣中的水蒸氣液化而成為大豪雨降下。

　　金星撞地球之前，地球上已有人類並生存了幾千年，有所謂伊甸
園，古代高等外星生物創造的地球動植物，也有神人建造的都市，但
一夜之間全部歸於平靜，進入黑暗期。

　　地球上的生物勢必面臨另一新轉換期，但當時地球人卻以兩種方
法逃過一劫，人類DNA放進已準備好的檔案（archive）中，檔案室在
海底基地，當大災難發生時，外星生物將這些檔案夾帶回母星暫時保
管，待地球環境轉好後重回地球，再利用保存的人類DNA再度創造人
類。

　　另外，也有部分地球人及外星生物共同逃至地心躲避，地球是空
心的，早已建有巨大地底城市。

2

月球落地球引發大洪水：1萬6千年前

過去，地球有3顆衛星，最大的是目前的月球，其餘兩顆則已落到地球，6千5百萬年前，當金星撞地球時，就已有一顆落到地球，另一顆則在1萬6千年前落下。

古代太陽系中，木星的引力是相當大的，所以能維持住月球為地球衛星，但後來木星引力變弱，月球也失去自身的磁極，平衡崩解，受地球吸引而落至地面來。

月球落到地球後引發大洪水，落下的地點在非洲北部，結果磁極移動了47度，地球公轉方向也改向，終於產生7千公尺的海嘯，地上文明再度改變，由於磁極的改變，使得海洋與陸地都發生改變。

地球再度發生大災難，有些人逃至地心，有些則在災難較輕的北半球被外星來的飛碟救走，這些都是聖經中的大洪水及挪亞方舟的故事。

▶ 圖4-12
挪亞方舟的故事是真的。

地球雖經歷幾次大災難，但地球上創造及改造生物的動作並沒因而停頓，仍持續進行著。

第五章

地球人類創造計畫：藍血人與人種的來源

人類基因與外星生物DNA

1

近代生物基因解碼的盲點

近代生物科技重要的基因解碼，也就是人類基因組計畫（HGP），已定序完成，但科學家仍無法完全解讀與掌控DNA結構，如太多的無意義編碼，也就是沒功能或意義基因（nonsense gene），到底原因何在？

參與類基因組計畫的一些研究團體，曾就已研究證實的人體約97%的無順序代碼的DNA組合為垃圾DNA或惰性DNA，其實無意義編碼或惰性DNA正是外星生命形式的組成元素。

大膽推測外星的DNA編譯程式研究員，很可能一直致力於探討一個「大代碼」（big code）或重要代碼，這個代碼包含諸多項目，而這些項目應該已經使得各式各樣的生命形式，能安置在包括地球在內不同的行星上。在那期間，外星人也一定嘗試過不同種方法去編寫「大代碼」，然後付諸執行，如果對某些功能不滿意，則加以變更或增加新內容，然後再次執行代碼，就這樣，對改善後的代碼進行一次又一次地嘗試與改進。

這些外星DNA研究員在全神貫注於地球DNA項目時，由於研究

期限的限制，取消了所有未來計畫，徹底刪減了對「大代碼」的編碼計畫，最後只能將「基礎設計程式」（basic program）使用在地球人DNA專案中。人類自身的DNA如果是由兩種型式的編譯程式組成，一種是「大代碼或重要代碼」，另一種則是基本代碼。第一個可以確定的事實是，這個完整的DNA編譯程式絕對不是在地球製作的；第二個事實是，單純遺傳基因本身並不足以解釋生物多樣；還有其他來自外星生物的基因科技。

有DNA之父稱號的DNA分子的雙螺旋結構發現人之一——弗蘭西斯·克利克（Francis Harry Compton Crick 1916.6.8-2004.7.28）曾獲1962年諾貝爾生理和醫學獎。

對於克利克來說，只要將達爾文從自然選擇所得出的演化論和孟德爾（Gregor Johann Mendel,1822-1884，近代遺傳學的奠基人）在基因方面所做的研究加起來，就能得知生命的秘密。後來當他意識到生命自然形成有多麼不可能時，因此他認為一個誠實的人，不管知道多少，也只能說生命的起源幾乎是一個奇蹟，因為有很多條件都需要被達到！

在克利克的著作《生命本身》（Life Itself）中曾有一段敘述：

外來生命從另一太陽系將必要的生命之源帶到毫無生機的行星上，感謝他們仁慈的介入和參與，才使生命從這裡開始。

183

2

外星生物介入創造生命

地球生命的開端，源於爬蟲類人選擇了與擁有極高科技的天狼星人合作，從天琴人（有金色或紅色頭髮，藍色或綠色眼珠）身體提取了部分DNA，又混合了自身的群體意識能量，造了7種不同類型的爬蟲類人安置在天龍座生存。

宇宙中有160萬個星（世界），至少有4星團外星人介入地球人創造實際工作，號角星（另一銀河系，距地球約15萬光年）後來才加入，早期執行此計畫三星座是獵戶星座（Orion）天狼星（Sirius star）、昴宿星團（The Pleiades Star Cluster）、以及半人馬座（Centaurus）α星。

星系聯盟的阿托娜議會（Hatona Council）花了近百年時間，來協調各星座之間的關係，以終止星際戰爭，最後終於在仙女座星系

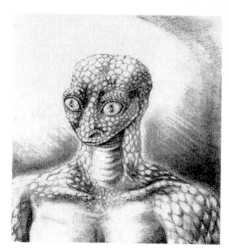

▶圖5-1
Alpha-Dra-conians
（α-天龍星人）的外觀。

上成功地召開了商討大會，並成功達成協定，其中最主要的天龍星爬蟲類人領導者沒有參加，只有來自地球雷姆利亞大陸的爬蟲類人代表。

會議結果決定，在地球上重新造一種人類以完成和平的進程，這種「人」的DNA由所

有感興趣的會議成員星球人捐獻，並組合為一體，同時與爬蟲類人的身體構造形態為主要基準，所以《聖經》裡曾說到，「讓我們按我們喜歡的樣子來造人吧。」（Let us make man in our own image，in our likeness）請注意，「我們」是複數，代表的不只是一個生物體。

　　會議還同意爬蟲類人作為第一個殖民地球的物種繼續留在地球。為了創造一種有別於雌雄同體的爬蟲類人構造形態的新類型，最後通過DNA的組合技術，把原始「人」分成了男人和女人，《聖經》中在造出夏娃之前，亞當取下了自己的一根肋骨，就是把雌雄同體分成男女異體的描述。

　　由於協議規定，新人類的樣貌必須被所有成員認可，否則不合格的實驗「人種」將被消滅，目前屬於不可思議生物（UMA），如「大腳獸或雪人」（Big foot or Yeti）等地球仍存在的神秘生物，就是這些失敗實驗的產品。

　　最終在1億8千萬年先合成體型較小兩棲爬蟲類（小恐龍），再進一步到有羽毛的蛇，中南美阿茲特克神話中的羽蛇神即是，後又持續創造多樣化生物，並改進品種，此任務執行者由爬蟲類人和12種有人類特點的DNA，構成了正式的地球人基因結構，並在今天的伊朗與伊拉克交界、部分非洲、亞特蘭提斯大陸、雷姆利亞大陸上開始繁衍地球人類。

　　結果沒想到，這一計畫變調而成了一項「陰謀」，12種有人類特點的DNA組合順序，幾乎全被秘密設計為無意義結構狀態，後來也

▶圖5-2
外星人一
種：天蛾
人。

由此引起了會議成員星球的一些憤怒衝突。爬蟲類人很清楚如何「控制」人類的活動，因為新地球人類最初的設計模型是與爬蟲類人的存在時空頻率段一致的，於是爬蟲類人準備開始在地球實施「統治」人類的計畫。

這企圖讓亞特蘭斯人覺察到，並開始對爬蟲類人進行另一輪攻擊，他們使用高能電磁炮猛擊雷姆利亞大陸，導致大部分的「雷姆利亞大陸」（或姆大陸）陸塊沉入海底，後來的太平洋所在位置，殘留的島嶼包括夏威夷、部分加利福尼亞西海岸、澳大利亞、紐西蘭、南太平洋島嶼、日本、菲律賓、台灣、南亞島嶼。地球上倖存的爬蟲類人分別逃到了印度北部區域、金星、中南美洲、地球內部。

從雷姆利亞逃出的爬蟲類人，在地球內部開始發展自己的文明，這也正是傳說「魔鬼在地獄的火焰中生活」的出處。在地下構建的城市，所屬地上的區域包括古巴比倫阿卡德區（Akkadia）、阿甘塔（Agartta）、哈泊布瑞（Hyperborea）、東非的薩瑪巴拉耕地（hamballa），近來出現的天坑，以及之後的探險家也在這些區域發現了爬蟲類人的蹤跡。

同時，很多其他星球的人也紛紛來到地球，帶領人類為自己開發

一些「領地」，亞特蘭斯人還邀請天狼星人一起來到地球觀察和引導人類活動，並結合人類與海豚的基因和身體模型，在海中造了新的物種也就是半人半魚的「美人魚」（Mermaid）。

◀ 圖5-2
天坑發現有
爬蟲類人蹤
跡。

　　亞特蘭斯人從沒有放鬆對爬蟲類人活動的步步追蹤，並一度用鐳射武器向地球內部的爬蟲類人襲擊。不幸的是，由於長時間的劇烈攻擊，致使空心地球的地幔上下層地殼結構之間的岩漿受到猛烈擠壓，而發生地表裂痕，最終導致整個亞特蘭提斯大陸沉入大海。幸運的是，在災難來臨之前，很早就被陸地上的巫師和先知們猜中，於是大部分地球人提前逃到了秘魯、埃及、阿帕拉契山脈（Appalachian

Mountains）和西歐。亞特蘭提斯板塊的坍塌，造成了地球外部相對軸心的位移變化與引力的改變，致使地球另一顆衛星月球撞地球，最終導致了《聖經》中記載的洪水氾濫大災難。過了很久，爬蟲類人決定重新復出地面來「統治」人類，但此時的人類已經不認可並開始排斥或攻擊爬蟲類人，於是它們就策劃再造一種與人類雜交，並可以受「控制」的高智慧爬蟲類人類，也就是「變種人」。

藍血人種：
遺傳工程產物

1
藍血（blue blood）人的誕生與印度附近的人種

原本地球內部成了爬蟲類人的大本營，他們在重新組織並伺機反攻，力圖重新奪回地球表面。當時地球內部的爬蟲類人形成了一種被隔絕、被孤立的勢力——從他們的天龍星座家園被切除出去的一小塊，也就是爬蟲類人的母船月球落入了人類手中，他們如今被孤立在一個被上面的其他族類仇視的星球上，他們需要保衛自己。

爬蟲類人悄悄進行著一個計畫，一步步地把他們的基因混入地表人類體內。由於這些人類的基因構造本身已經帶有一定比例的爬蟲類人的基因，所以爬蟲類人很容易就能進入這些人類的意識裡。混血人類的腦幹已經被植入了爬蟲類人的意識頻率，包括大腦模塊一些專門的子區域。

爬蟲類人選中了蘇美人，也就是住在今天美索不達米亞平原南部的人種，作為第一批變種人，來進行殖民入侵，蘇美人也是火星、矛迪克星和天琴座人的流亡後裔。爬蟲類人偏好金髮藍眼的族型，因為可以很容易地操縱他們的基因和意識。那時候，很多蘇美社會統治階

層的人都被爬蟲類人劫持，包括他們的長老和主持。

　　從這些被劫持的人身上，爬蟲類人開始了混血程式——歷經數代人，直到結果滿意。

　　爬蟲類人是想達到人和爬蟲類人之間50/50的基因比例，這樣的混血產生出一個長得像人類的爬蟲類人，可以輕易地從爬蟲類人變形成人類，然後再變回來。變形術是通過將意識集中到某些基因開關上來實現的。

　　奇怪的是，實施這個混血計畫的某些技術卻是來自於天狼星。天狼星人的基因技術非常發達，他們精於基因型態學和意識編碼，爬蟲類人從天狼星人處，無條件地共用到這些基因技術。

　　爬蟲類人在他們身上花了幾代的時間，終於造出了一種DNA比率：人類、爬蟲類人＝50/50的「變種人」，混血程式完成了，蘇美的長老們現在可以形變成爬蟲類人，新混血很快成為了蘇美文化的高貴階層。他們的血帶有更多的爬蟲類人基因，也就含有更多的銅元素。

　　變種人的特點是，可以在DNA比率為50/50的時候，任意迅速變形為爬蟲類人或人類的身體，由於爬蟲類人的血液含銅量很高，顯出藍色，使變種人血液中銅元素被氧化後混合為藍綠色，所以變種人也被稱作「藍血人」（The Blue blood）。

　　因為有人類的特點，所以DNA的組成容易受環境等因素影響，而使得兩種DNA比率相差較大或不相等，這時候要變形就很花費時間，

後來爬蟲類人發現變種人只有經常攝取人類的荷爾蒙、血液和肉體，才能保持住人類的身體模型，但他們擔心這一舉動會導致人類的反抗情緒，於是便經常利用宗教儀式，以人體祭祀的形式來達成這種需求。

藍血人發現，50/50的混血比例，使他們必須要內部通婚，才能繼續在下一代上保持這種形變能力。如果比例過多地傾向爬蟲類人一邊，形變將更加困難，無法再繼續維持人類的形態。在這種情況下，他們發現攝取人類的荷爾蒙、肉和血液，能幫助保持人類外形，而維持人形是必要的，否則會嚇壞其他的人類，而且控制社會大眾會變得更加容易和隱蔽，尤其是當人類普遍以為管理者都是自己的族類。

爬蟲類人的符號僅僅只在一些宗教或者傳說中出現，一些雕塑裡的神／女神的形態，反映了爬蟲類人對該種文化的影響，有些塑像甚至表現了懷抱混血嬰兒的爬蟲類人。

這些藍血族類曾向天狼星人尋求保持他們人類外形的方法。天狼星人決定，造出一種新的動物，作為這些藍血人補充荷爾蒙及血液的途徑。這將更加隱蔽，不會讓其他人類起疑。

◀圖5-3
蘇美文明中的爬蟲類人。

191

▶ 圖5-4
古蘇美遺跡
中，神捧
著生命之
樹，狀似
DNA。

後來，爬蟲類人又從天狼星人那購買了技術，來維持更多變種人的人類形體特徵，並選擇了中東人常用作祭祀品的野豬與人類DNA混合造了「家豬」，這樣就可以使變種人更隱蔽地從家豬身上攝取人類的荷爾蒙等物質，以保持人類形態。從某種意義上說，由於人類吃豬肉相當於「自相殘殺」，所以在《新約聖經》中〈希伯來書〉才會提到「吃豬肉是骯髒的行為」。家豬是地球上智力水準最高的動物，同樣也可以解釋，為什麼近代生物技術的人體醫學實驗，都選用家豬來進行。家豬成為一種可以使更多動物形態進入到人類認可的意識形態中的完美媒介或代表，貓則是層次更低一點的動物代表。

蘇美文明隨著時間慢慢衰落，然後滲入其他文化。浩大的遷徙，擴展到了中亞的其他地方。這些外來的移民當然也包括了那些首領—

—蘇美文明的藍血貴族和皇室階層。

蘇美人迅速擴張時，帶領人們發展了新的文明，在東亞建立了王國，並成為國王或皇室成員。隨著時間經過，蘇美人慢慢被稱為「雅利安人」（sum-Aryan，or just Aryan），並將皇室血統途經西伯利亞，擴張到了中亞地區，在經過北印度的途中，遇到了曾經從雷姆利亞逃亡的爬蟲類人後裔繁衍的人類部落「黑色皮膚的德拉威人」（dark-skinned Dravidians），透過協商後，由德拉威人控制印度中部和南部，北部則被雅利安人統治，並延伸進入喜馬拉雅山的丘陵地帶。傳說中的伊斯蘭教國家最高統治者蘇丹（Sultan）和印度王侯（Rajas），都來自這段時期。

一些蘇美人則遷移到高加索地區（Caucasus），這成了後來的哈扎爾人（Khazar）。一些藍血族的首領繼續向西行進到了歐洲，混入了現在所說的法蘭克人（Franks）、威爾斯人（Cambrians）和日爾曼（Teutonic）民族所在的地區。這些地區被許多不同外星族類的文化所影響，像是安塔利安（Antarian）、大角星（Arcturus）人、金牛座的星宿五（Aldebaran，金牛座 α，是金牛最亮星，也被稱為 Bull＇s Eye），天琴星人的後裔，如亞特蘭人，而地球上的亞特蘭人則成了後來的凱爾特（Celt）人。

爬蟲類人的混血後裔蘇美人到了中亞和中東地區，一些在高加索山脈演變成了哈扎爾人，然後繼續向西朝向歐洲，和當時那裡的各種人群混居。當亞特蘭提斯沈沒時，有些亞特蘭提斯人逃往歐洲西部，

也成為後來的凱爾特人，有些則到希臘，義大利半島。

　　歐洲的這些人類在藍混血族到來前就已經在那裡了，在亞特蘭提斯沉沒之後，及藍血族到來之前這段時期，很多外星的族類為當地的人口加入了他們的外星基因，發展出的文化，都受到各自的故鄉星球的影響。

　　藍血族類的統治者們並滲入了中東人基因，像聖經裡提到的迦南人（Canaanites）、瑪拉基人（Malachites）以及基特爾人（Kittites）等。

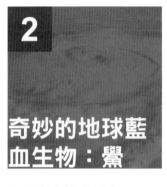

2

奇妙的地球藍血生物：鱟

鱟（Limulidae），又名「馬蹄蟹」、「夫妻魚」，是一種較少人注意的海洋生物，臺灣澎湖海域也有。現存的鱟種類僅存3屬4種。鱟悠游在地球海洋裡已經有4億年歷史，且在恐龍出現之前與滅絕至今的2億年來，外表形態並改變沒多少，是相當聞名的「活化石」。

鱟的祖先出現在地質歷史時期古生代的泥盆紀，當時恐龍尚未崛起，原始魚類剛剛問世，是地球上最古老的動物之一，因此牠才會被稱為活化石。科學家曾發現了距今5億年前的鱟化石，與早已滅絕的三葉蟲是近親。

鱟的身體分為三部分：最大的部分是頭胸部，然後是分節的腹部，再下邊是一根長長的尖尾刺。著者曾研究過鱟，原料來自越南，冷凍乾燥磨成粉後，可作為保健食品，值得注意的是，鱟與藍血人有著密切關連，鱟的血液

◀圖5-5
藍血生物：
鱟。

中因含有銅離子（血青蛋白），所以血液是藍色的。這種藍色血液的抽取物——「鱟試劑」，可以準確、快速地檢測人體內部組織是否因細菌感染而致病；在目前生物技術的製藥和食品工業中，可用它對毒素污染進行監測。

每當春夏鱟的繁殖季節，雌雄一旦結為夫妻，便形影不離，肥大的雌鱟常馱著瘦小的丈夫蹣跚而行。此時捉到一隻鱟，提起來便是一對，所以鱟享有「海底鴛鴦」之美稱。

藍血生物在地球上不止是鱟，而且也有血液是其他顏色的生物，當外星人創造生命時，是以多樣化思考來模式進行的，包括所謂較低等與高等者，高等生物並非由低等生物演化而來，這是非常清楚的。

外星人與地球人種的關聯

1 天狼星、獵戶星座與地球人種

天狼星人在埃及重新規劃亞特蘭提斯人的後裔——腓尼基人（Phoenician）。腓尼基人擁有金黃頭髮和藍色眼睛，有些是綠色眼睛、紅色頭髮。腓尼基人殖民在中東沿海的區域以及不列顛群島（British Isles）。他們甚至還殖民到北美大陸的東北角，一直到五大湖區域。現在北美的一些森林，依然可以找到當時留下的一些礦井和雕刻的石碑。

天狼星人還用基因技術創建了古希伯來人（Hebrew）。後來的猶太人，其實就是希伯來人與蘇美人的混血。猶太人之後到達了巴勒斯坦地區。巴勒斯坦（Palestine）這個名字來自古代被叫做菲利斯人（Philistine）的族系，菲利斯人實際上就是腓尼基人。

上述這些人種，都在巴勒斯坦沿海平原混雜一起，形成了一種新的宗教，基礎是犧牲和祭獻給神，這個神的名字叫耶和華（Elohim），信徒們也稱他為神（God），一個復仇的外星統治者。

另一方面，印度的雅利安人漸漸和德拉威人（Dravidian）混居在一起，一種新的叫作印度教（Hindu）的宗教開始興起，其實印度教

是沿用了爬蟲類人塔形的7層等級體系，印度的種姓制度基本上即直接映射出爬蟲類人的社會功能運作機制。

　　另外，獵戶星座中最亮星中的參宿星人（Rigelian），也幫助那些當初從雷姆利亞大陸逃亡到亞洲東部沿海一帶的族系。獵戶座的參宿星人族類本身屬於類人族文明，但當時已經被爬蟲類人族類控制，他們在獵戶座的故鄉已經被爬蟲類人滲透和掌控，甚至後來被爬蟲類人完全同化掉了，參宿星人協助地底的爬蟲類人，發展出帶有爬蟲類人DNA的混血族。

▶ 圖5-6
參宿七是獵戶星座中最亮的星。

　　類人族的參宿星人和爬蟲類人的這個混血族開始在東亞建立皇室和王朝，主要在現今的中國（China）以及琉球群島和日本島嶼，這個混血族系相對於它的西方兄弟族系來說，是支完全獨立的血脈和文化派系。

　　在對控制欲的狂熱追求下，爬蟲類人利用了這個看起來很複雜，牽扯各個星際族類的局勢，當初12個類人族類都捐出了自己族類一部分的DNA，地表這些多樣的新人類譜系，甚至在總體上幫助了爬蟲類人的整體佈局——他們用挑剔的眼光監視不同的混血族群，思考哪一人種更適合將來作為地表的統治族類，何種更適合充當服務階層。所有人類由於帶有爬蟲類人的腦功能模區，所以都能被爬蟲類人的意識頻率所控制，但有的人種與其他的相比，更容易被爬蟲類人操縱。

　　在歐洲，藍血家族隱密而不知不覺地掌控了各種當地部落和社群，成為了國王和貴族統治階層。他們完全滲透和破壞了牧夫星座大角星人的人種培育計畫——伊特魯里亞（Etruscan）人。藍血家族在歐洲透過羅馬人，漸漸發展出了新的大帝國。之後，這些歐洲藍血家族徹底吸收了安塔利安人在希臘的人種計畫，並進一步地通過羅馬帝國，試圖開始全球化的統治進程。

2

其他地球人種與外星生物

爬蟲類人曾侵犯了天狼星人在埃及的混血實驗，他們把宗教植入當地的社會。

在亞特蘭提斯大陸沉沒時期，一部分逃亡者都先於「變種人」到達西歐地區，從亞特蘭提斯大陸坍塌的中期，一直到蘇美人後裔開始進駐逃亡難民的新居住地這段時期，其他外星人組織（alien groups）也開始執行將自己的基因「混入」的「造人計畫」，並準備獨自發展他們各自「故鄉」的不同文明。藍血人的首領（變種人）也「滲透」到了中東地區的居民中。

目前世界各地對金星（Venus，維納斯）特徵的早期歷史記載都很相似，維納斯像是條大毒蛇或龍，像是天空中燃燒的火把，也是顆留著長髮或鬍子的星星。

在中國，太白金星在早期道教經典中出現，這位女神穿著黃色的衣服，頭上戴著雞冠樣的帽子，手中抱著一種叫琵琶的樂器。傳說太白金星主殺伐，古代詩文中多藉以比喻兵戎。

▶ 圖5-7
維納斯是掌管戰爭的女神。

　　在蘇美神話系統中，金星的代表神「伊南娜」以及古巴比倫文明的金星代表神「伊什塔爾」也被認為與戰爭有關，維納斯就是掌管戰爭的女神。

　　「伊南娜」（Inanna）與蘇美語中的月神（Nanna）非常接近，是蘇美文明中記載的女神，代表金星，依蘇美文明的敘述：

　　像龍（爬蟲類人）一樣，你將毒液堆積在這片毫不相干的領土上……將暴雨般連綿的火焰降臨到這片土壤……你如暴風雨般咆哮著……摧毀了這片土地……人類來到你面前，在你狂暴的光輝下，惶恐戰慄著。

　　古巴比倫文明中的「伊什塔爾」（Ishtar），同樣是金星的代表神，基於伊什塔爾每年會進入冥界再復活的特質，英文的復活節（Easter）字源即是Ishtar，古代文獻中對「伊什塔爾」女神有如下記載：

　　……彷彿是天地間耀眼的火炬……狂怒不可抵擋的衝擊……我帶來了火焰般的降雨……

　　古埃及文明中對「賽格馬特」（Sekhmet）女神的描述，與上述對金星的記載，有明顯的共同性：

201

在她的狂怒中充滿燃燒的火焰……他們心中充滿了對我的恐懼……他們的心中充滿了對我的敬畏……沒有人可以接近她……在她的身後射出劇烈的火焰。

金星在中美洲有「災星」的傳說記載，16世紀天主教聖芳濟修會的修道士（Bernardino de Sahagún）將如下對金星（維納斯）的研究，寫入了阿茲特克人的編年史：

當它（維納斯－金星）再次浮現時，極度的恐怖席捲了他們；所有人都被驚嚇了。所有的路口和大門都被人們關閉了。據說，它浮現時的光芒可以帶來疾病與邪惡。

▶ 圖5-8
各種造型的外星人。

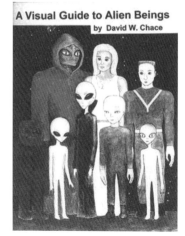

爬蟲類人是首位到殖民地球的外星種族，但他們不是唯一干擾人類在地球發展的外星種族，另有其他12類外星種族也貢獻了DNA，參與這項創造的實驗，因此人類的基因庫中參雜了包含爬蟲類人的13種外星人DNA。

這13種外星種族，全都是天琴座與爬蟲類人的後裔，經由文化影響與

物理操控，他們在地表各有扶持的人類團體，就像是實驗室裡負責的教授離開後，助理們每個人都取而代之來，加入他們自己想作的實驗。

1950年，前蘇聯與鯨魚星座中頭鯨魚座（Tau Ceti）達成協議，前蘇聯提供位於西伯利亞與烏拉山的基地給頭鯨魚座人。1958～1980年，許多秘密計畫在斯維爾德洛夫斯克（Sverdlovsk）實施，此一地區等同於美國的51區。1960年代，美軍間諜機曾在斯維爾德洛夫斯克收集蘇聯相關祕密活動時遭擊落。

距今3千年前，一艘來自於大角星（Arcturus）ＵＦＯ降落在伊特魯利亞（Etruscan），大角星人有極高的精神心智，他們與當地人混血，後裔成為今天的羅馬人。

希臘人的來源是參宿四（Antares），他們文化裡有同性戀傾向，婦女只用作生育。

參宿四人深色皮膚，黑眼，瘦的身體，不過他們有驚人的肌肉組織。

參宿四人在西班牙、葡萄牙殖民，他們的後裔與羅馬人、阿拉伯人（起源於蘇美／鯨魚星座的爬蟲類人）混血，並征服了混血的中南美州印地安人。

小犬星座中最亮恆星南河三（Procyon）並無獨特的科技，亞特蘭提斯毀滅後，南河三人被帶到地球來，後來他們成為馬雅（Maya）、阿茲特克（Aztec）、托爾特克（Toltec）、印加（Inca）

文明的傳播者。安地斯（Andes）山脈與喜耶拉（Sierras）山脈，是古代雷姆利亞與亞特蘭提斯人的前哨基地，這些民族試圖重建他們過去的文明，但沒有成效，他們建金字塔，製造醫藥，並獻祭給爬蟲類神，這些文明都使用蛇與爬蟲類作為圖騰。

▶ 圖5-9
南河三是小犬星座最亮恆星，與馬雅人有關。

其實，他們都是雷姆利亞／爬蟲類人、亞特蘭提斯類人族與南河三相互混血的後代，這也是為何他們的文化裡，傳說將有金髮碧眼的聖靈，駕著戰車從天而降，引導他們離開的原因。

美國西南部的印第安人阿那薩齊族（Anasazi）也是來自南河三。這些都是天狼星人將他們運送過來，甚至天狼星人將一小部分希伯來人也送到美國西部。

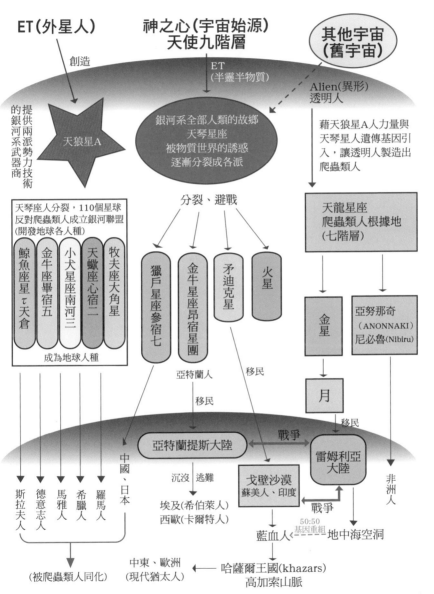

◀ 圖5-10
星際的歷史
與人種的來
源。

205

　　過去幾百年來，中美、南美、北美、歐洲、中東與澳洲在歷經國家主義、殖民饑荒，而造成人種大量的流動與混血，事實上人類已無純種的血源。

　　另一方面，同一時間在東方，獵戶星座中最亮的恆星參宿七（Rigel）／爬蟲類人後裔的中國，也擴展到了東亞，亞利安人（Ayran）征服了有爬蟲類人血統的德拉威（Dravidian），最後建立了印度文明。

　　埃及對爬蟲類人神稱為奧西里斯和伊西斯。埃及諸神的靈丹妙藥，包括混合創作，多是半人半動物。天琴座人的信仰體系，起初是根深柢固的盤踞在亞特蘭提斯人中，它們的殘存影響已經鬆散地遍佈世界各處，會很容易地滲透進去，使那些信念沾染著爬蟲類人信仰體系的精髓。

　　另一個圍繞著天狼星A周圍運行的凱洛帝（Kilroti）行星，在此行星中，天狼星人創造高智慧的貓樣生物等，而這些貓像人被稱為獅人。

　　20世紀的70年代和80年代，各國政府為孩子們創造了卡通形象，因此描繪這些生物，黃金獅子神，擁有翅膀和紫色的眼睛，名稱叫阿里（Ari）。阿里也是老獅子的希伯來語，他們的頻率波比海豚的頻率波更強大，阿里創建了一個委員會，來控制銀河系的天狼星A。

　　阿里和天狼星人的基因混合產生了凱洛帝人，這就是被帶到古埃及的人，人類和野生獅子的DNA混合形成了在地球上發現的家貓。在

古埃及，貓在每一個家庭都有，在晚上被派出收集和帶回外來控制者的情報，這就是為什麼貓在晚上有出去的衝動，也解釋了貓的超然性格。

天狼星人還把對貓的崇拜偶像納入到埃及的宗教，為了確保這種方法的永久性，天狼星人還建立了作為獅子與人類基因混合的象徵性的獅身人面像。 當第一批天琴座的難民們抵達時，天狼星人用科技在火星上的賽多尼（Cydonia）高原建立了複雜的設備。而新火星人沒有意識到天狼星人與爬蟲類人已經有密切的聯繫。

　原來的金字塔是在亞特蘭提斯毀滅後建成的，是一個能量中心，他們是在地下和上面有著相同的形狀，是一個八面體，中心是四面體。主控形狀的是精神整體標誌原型。這八面體也是在蒙托克項目中使用的德爾塔-T（Delta-T）觸角形狀。這種形狀，在合適的顏色代碼中注入活力時，會引起內空間產生裂痕，創造旋渦和蟲洞。在這個中心點進行操作，可以產生巨大、能夠通過多次元空間投射到任何地方的能量。

銀河系中的外星人

外星人種類繁多，在銀河系裡大致上可以分成4種：

1. 爬蟲類（Reptoid）
2. 灰色外星人（Greys）
3. 類人形人（Humanoid）
4. 其他種類

重要者如下：

1

天龍星A人（Alpha Draconian）

這是許多種爬蟲類裡的老大，住在獵戶座天龍星一帶的星球，是銀河系裡最負面、最邪惡、最愛搞破壞的族類。大部分是人身獸臉，其他族類的爬蟲類可以是人臉獸身或人模人樣，但彼此性格脾氣相近，不可以單看外表，獸臉人身的爬蟲類也有好人，星際大戰電影裡就有很多這類爬蟲類人站在正義這一邊，跟人類並肩作戰。

這類人又稱「鐵腕人」，身體特徵是皮膚有防水鱗片，只有三根手指，拇指向外翻，嘴巴像拉鍊，平均身高6～7呎。他們適合作長程

星際旅行，因具冬眠能力，像動物一樣，還是冷血動物，需要適當氣候（潮濕或乾燥）來維持體溫。

打戰中的爬蟲類人可以把自己埋在泥土下面很長時間，去埋伏和突擊敵人。領軍的族類就叫Draconian，有翅膀，張開來像蝙蝠，傳說中的吸血鬼很像他們，因為他們也很嗜血，喜歡看到戰爭，因為有大量死傷就有血可以喝，還有一種是吸取因為恐懼而死的靈魂能量，平靜死去的靈魂對他們來說，反而沒什麼營養。

另一種則沒有翅膀，不是軍人就是科學家工程師。他們的身體都是因為戰爭環境和生存所需而演化出來，像動物那樣。

在緊急時刻，他們只需要一頓大餐就可以幾個星期不必再吃東西，像蛇或鱷魚一樣。很早以前，他們就已經跟地球上的人有來往，在自己的星球或其他星球上是住在地下的洞穴裡。他們指揮大部分的工人階級，為他們工作的其他族類是某一種小灰人，一起奴隸其餘更多人類、爬蟲類，以及各種可

圖5-12
小灰人。

以奴役欺負的人。

　　整體來說，這類外星人有四個階級：

1. 當領導有翅膀的Draconian
2. 當部下沒有翅膀的Draco
3. 當執行員執行任務的小灰人（Small Grey）
4. 被管理的人民百姓和奴隸階級（Slave）

　　早在幾萬年前的前文明到現文明的幾千年前，他們就已經在地球上活動奴役黑人和其他人，因此他們認為自己可以名正言順的接管地球。他們就是有計畫大舉入侵地球的主要勢力（不是武力，而是經濟、心智、宗教等方面）。

　　古代的出土文物顯示，爬蟲類人很早以前就已經跟人類有來往，為了給自己製造有機可乘的管道，他們透過控制政府的大財團（或控制國營企業大財團的政府），刻意壓制一些利民的關鍵技術（如免費的潔淨能源），這樣他們才可以利用這些技術去收買人心，以救世主的大好人身分，協助地球人解決各種問題，如人口爆炸、環境污染、糧食短缺等等的威脅，達到殖民地球的目的，再拿地球當樣本去說服其他星球的人接受殖民的好處，去開拓其他不聽話、不歡迎殖民概念的殖民地。這個做法跟殖民地時代的侵略一樣，軟硬兼施，美其名為改善大家的生活，提昇經濟，開發荒地市鎮等等，促進和移植先進文明到落後地區，實際上是在採礦掠奪資源以圖利自己，就地奴役當地居民還抽重稅等。根本不需花半分錢成本。

　　獵戶帝國的野心更大，要統一和控制整個星球，地球上的殖民地主只是牛刀小試的小巫罷了。

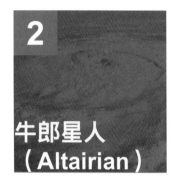

2

牛郎星人
（Altairian）

牛郎星就是河鼓二，即天鷹座 α 星，跟地球上一小部分的北歐人、小灰人和少數政府的軍事單位有合作往來。他們的中央政府就是公司總部，也跟天龍 A 星群體以及尼必魯上的爬蟲類人有聯繫。牛郎星裡也有正面的類人居民，不是全部都一個樣地同一個理念。

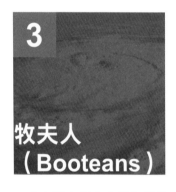

3

牧夫人
（Booteans）

牧夫座裡的爬蟲類，跟天龍星人同一體系，有陰謀要在將來的某一個時候接管地球，積極的在人群中滲透控制一些心智比較弱的人，作為他們的地球臥底。

（註：接管的陰謀不一定要在三度空間的地球界面完成，也可以在地球提升進入四度空間之後的空間裡繼續進行這種遊戲，因為他們本來就已經是四度空間的阿修羅，住在地底下的四度空間世界還很適應，等到地表轉換成四度空間時，他們還可以走出地底，光明正大的滲透到各大政府和大企業裡。因此，仙女星人才能進入未來的時空，預見到357年後的地球出現專制暴政。）

擁有爬蟲類跟人類合成的DNA，人形，有人類的靈魂。爬蟲類的靈魂結構跟人類的不大一樣，可以說是剛好相反。據說，耶和華就是合成人的人種，有人形，有靈魂，但個性偏向於爬蟲類的本性，非常無情、暴力、冷血、自大。

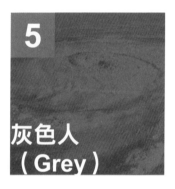

是本銀河系中也是地球上最常見的外星人種類，跟爬蟲類一樣的普遍，彼此都有聯繫合作，有大小兩種，族類也多，大致上長相類似，分佈在獵戶座一帶的星球。跟爬蟲類一樣，有好有壞，也有中立不好不壞的，都是四度空間的阿修羅，還是有明顯的二元對立概念，是四度空間外星人大家庭裡的弱勢族群，相較之下人類就更加弱勢，但也具有灰人沒有的優勢。

灰人一般上都體型小，像蜥蜴（更像壁虎）的人形種族，頭大，大杏仁眼，沒有眼白，都是黑色瞳孔，簡單的消化系統，沒有毛髮，心和胸結合在一起，功能一樣。身高平均3.5到4.5呎，皮膚有白色、灰色、白灰色、灰藍色、灰綠色等，因居住環境條件和生理的健康狀態而不同，跟地球上的人種皮膚色素的變化原理類似，而且他們吸收

營養過後，皮膚顏色會變化。

頭與身體的比例就像5個月大的胎兒，頭腦容量是2,500到3,500毫升，人類只有1,300毫升，腦神經線是人造物質，不是血肉的纖維，方便他們像網路那樣聯繫彼此，也聯繫中央思想系統。

他們沒有生殖器官，也就沒有男女之分，都是通過試管出生繁衍後代的複製人，也可以植入生化晶片在腦裡，像動物晶片一樣可以追蹤位置。

他們可以互傳訊息，像網路一樣，通訊思考很快，動作卻很慢，但很精準，先想後行，像機械人的人工智慧。灰人種族之間自成一個網絡，可以互通信息，有一個中央處理中心，相當於Yahoo或Google設在美國總部的總伺服機。但是也因為理念不同，而分裂成很多派系族群，跟人類有接觸的，多數來自獵戶星座的星團，離地球約39光年的齊塔雙星附近。

▶ 圖5-13 兩個小灰人(Greys)在墨西哥郊外被拍到。

灰人死亡時，體內的生化晶片被取出來保留，身體被分解成原子，變成光束發射出去而消失。

近年來更新的資料顯示，

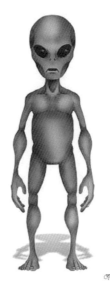

◀ 圖5-14
齊塔小灰人
外觀。

出現在地球的所謂外星人——灰人，是與此一星球的真正外星人無關的，經常被目擊的灰人，一直被稱為greys，又叫EBEs（extra-terrestrial biological entities），是美國故意釋放的假情報，灰人其實是地球自古以來就有，但很少見，以兩腳走路的兩棲生物，美軍曾在1940年代後半到1950年捕到了四隻，之後有名的羅滋威爾飛碟墜毀事件中的四位外星人，可能就是此四隻地球生物，所發表的四位外星人特徵，即是此類地球生物所擁有的。

　　由於灰人生物有些具生殖器，有些沒有，於是美國在實驗室進行繁殖，1970年代後，更引用近代生物科技複製（clone）技術，以人類基因進行改造，而得到新品種大鼻子灰人（large nose greys）。之後美國由於研究電漿（plasma）技術，開發出電漿態UFO，進一步將電漿技術融入基因改造，便將灰人地球生物改良成近來很熱門、受全球注目的神秘未確認生物（UMA）之一的卓柏卡布拉（Chupacabra），這是一種吸血怪獸，吸完動物血後，會留下燒灼傷痕，許多UFO研究人員將此現象與UFO的出現相連結，主要理由，是相信外星人擁有雷射武器，也有類似燒灼現象。事實上，卓柏卡布拉只是一種人工培育改良而成的電漿生物！

　　傳統上，大家比較熟知生物中與灰人生物較接近的有兩棲蛙類、蠑螈（Salamandridae）或山椒魚（Cryptobranchoidea）等，全世界許

多地區的傳說生物，很可能就與灰人生物有關，如美國的多佛惡魔（Dover Demon）、日本的河童、中國的河伯、常出現在比利時森林沼澤中的小綠人（little green man）、巴西的小怪人，以及各地傳說中的森林小矮人或精靈等，而且自古以來就有類似的傳說記載，可見這類生物存在於地球各地並非空穴來風，只是數量少且捕捉不易，才會被高科技美國為了達到統治地球的目的，而以外星小灰人來到地球，來達到轉移世人目光的目的。

2007年，墨西哥農場工人馬拉歐‧羅佩茲（Marao Lopez）在中部小鎮梅特培克（Metepec），抓到一隻約48公分高的奇怪生物，頭部、眼窩十分異常，身軀、四肢細瘦；但馬拉歐由於害怕，最後將這隻生物活活溺死，在捕捉的過程中，並看到另一個外型類似的生物逃離現場。

由於這生物的外型過於奇特，並與傳說中的「外星人」類似，因此被稱為「外星人木乃伊」（Alien Mummies），於是馬拉歐遂將該遺體交由科學家進行DNA鑑定處理，結果證實只是一隻被剝了皮的小松鼠，與外星人完全無關，所以沒有那麼多外星人或小灰人常出現在地球。所以，也不用為了一張無法證實、疑似外星人的照片而自我滿足！

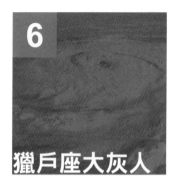

6 獵戶座大灰人

源自獵戶座參宿七星球（Saiph，κ，位於獵戶的右膝）。有22個副族類，原本是高大金髮的類人，長期受到核子輻射（大約30萬年前）改變了DNA，一些人成了矮人（小灰人），身體結構如消化與生殖系統起了變化。

這些大灰人是通稱的獵戶座十字軍（Orion Crusader）或馬卡人（Markabian）。馬卡人又有兩類，第一類有7～8呎高，鼻子大，大杏仁斜眼，沒有生殖器官，對人類很兇，基因組合跟昆蟲一樣。第二類有6～7呎高，有生殖器官，比較像小灰人的臉。但是，他們的消化腺有問題，食物很難消化，只好解剖動物提取分泌物，再透過皮膚毛孔吸取養分。

大灰人的眼睛對紫外線很敏感，習慣在黑暗中活動，像夜間動物。他們可以控制心跳，皮膚像金屬材質，好像鈷化合物的色素。大灰人沒有獨立的個性，而是集體的一分子或小螺絲釘，社會結構是集體思想系統或社會記憶網，任何個人的思考會導致大部分能量的流失。因為他們的腦裡裝了一些水晶材質（比光纖材質還好）的腦神經細胞網絡，可以作心電感應傳訊，最主要功能是連結總部的中央思想處理器，整個網絡結構就是蜂窩性組織，全部的工蜂聽命也效忠於一位女王蜂，類似大英帝國的女王和大日本的天皇那種政體。

他們也對人類的個人主義和七情六慾感興趣，但無法解釋原因，

因為他們自己從來沒有那種感覺。他們的社會秩序是建立在適者生存和嚴格管制的基礎上，宗教信仰就是科學，整體社會傾向於服從、聽話，不敢挑戰權威，軍事概念不是政府就是殖民地管理，是透過心智引導計畫去控制所有人的想法。他們的社會結構很階級化，長幼分明，每個人都有特定工作範圍和職責，跟大公司裡的職位和工作分配與定義一樣，像今天的日本社會與政經結構。

他們有高科技，卻沒有研究倫理，靈性有缺陷，因此對人類沒有熱情，沒有情緒，更不懂得尊重。他們偶爾會透過一個類似收音機的調頻器，接收到人類的腦電波，暫時享受腦波裡的激情，尤其是激烈的情緒，如性高潮或悲傷，一些性變態行為最吸引他們，因為他們習慣用痛楚、毒品和恐懼，去誘惑人類沉迷於這類陋習，來玩弄人們取樂。

他們在地球上最慣用的是心智控制技術，就是通過宗教信仰去洗腦，先控制某些意識相近的同類，再去控制宗教經典的出版與發行，篡改內容，讓信徒完全依賴經書而活，完全相信宗教組織和神職人員，言聽計從，不善於獨立思考反證等理性過濾，然後成為組織的忠實義工、忠實教友，站在同一陣線上去對付外面的敵人。人類比較熟悉的控制法，就是嚴格規定唯有相信他們唯一的神，才能換取一張上天堂的門票，其他人不論好壞都得下地獄。他們更習慣把自己當成上帝、神靈，或謙虛一點的話，是先知，上帝的信使。

7

大灰人
（Nagas）

爬蟲類裡的大灰人，身高7～8呎，有各種膚色，表皮粗糙，像綠色粘土的鱷魚皮。在印度和西藏的傳說中，是地底世界裡的魔鬼鄰居。早在幾萬年前，他們就已經進駐地球，透過基因突變和自然演化，發展出心智不平衡（沒有靈性情緒感情）的生命，致力於科技研究。他們身上還留了一條遺傳下來的尾巴，雖有人形，但臉像壁虎。

在古時候，這支住在北極（當時的北極無冰）的爬蟲類，跟地球先住民的西藏人打過仗，被趕到地底世界繼續發展科技。後來地表上發生大水災，西藏人也轉入地下發展，成了鄰居，偶爾也跟來挑釁的爬蟲類大軍打仗，贏的時候多。

這類大灰人跟那些在獵戶帝國替人形爬蟲類的企業老闆們管理大公司的大灰人是同一類灰人，地球地底下的那些被改造一些，沒有獵戶帝國的那麼純種，但都是一樣的本性，有如堂兄弟般裡應外合，作惡多端，一直都在推動地面上的戰爭紛爭對立衝突等等破壞。

219

8

齊塔網路灰人
（Zeta Reticulans）

來自獵戶座一個雙星系統的齊塔一星和齊塔二星，由於不斷複製生產或被改造，所以這兩顆星的齊塔灰人有一點不一樣。

齊塔一星的小灰人，被參宿七星（Regel）的爬蟲類人形混血人，用人類的基因混合小灰人，創造出來當爬蟲類聯盟的前哨兵，他們跟動物一樣可以自由交配，沒有科技道德，駐紮在月球這個人造基地上（挖空月球內部當作自己的家），長期監視地球兼採礦，另一個人造基地在火星的衛星火衛一（Phobos），在地球上也有基地，都是秘密的，也有和美國軍方合作的實驗室。

他們約4呎高，有4根手指，沒有生育能力，更缺乏荷爾蒙，因此生命不長，必須不斷綁架人類，來攝取荷爾蒙取得營養，或進行基因混種實驗來傳宗接代。

他們的情緒大都是負面的，如生氣、困惑、害怕和驚訝，沒有人類的全面平衡。

跟所有灰人一樣都是集體心智，蜂窩靈魂（hive soul）組織的社會，基於網路去聯繫。Reticulli的意思就是網路，地球上在用的網路原理與結構跟他們的網路類似，不過他們已經演化到用心智的網路去連線，地球的網路技術可能跟他們有關，或許是他們開發出來再傳到地球上來（網路技術原本是美軍開發作為軍事用途的）。

　　雖然受到爬蟲類的人控制或影響，由於他們基本上還是自私的，為了拯救自己的種族，就尋求美國政府的庇護，讓他們跟人類配種，不必老是綁架地球人，因而激怒了Reg參宿七星人。不過，美國政府也不信任他們，他們也對美國政府利用他們而感到生氣，合作得很不愉快。因此，他們又分裂成兩派，一派要效忠爬蟲類，一派要先自救再來考慮爬蟲類的利益。

　　一派則是比較弱勢，沒有人相信他們，也老是被更壞的人利用。另一派比較溫和，對人類友善的齊塔人則喊冤，並不是他們在綁架地球人，也沒有跟美國軍方合作簽任何協議，他們有帶一些人上飛碟，不過沒有傷害任何人，甚至還醫好被綁架者的病，被指責綁架之後，就不再帶人上飛碟了，而是透過靈媒轉達訊息和來意。為了避嫌，他們開始跟爬蟲類人的部分派系和負面齊塔人劃清界線，也指出哪一類灰人才是搗亂的惡棍，也就是下面會談到的負面小灰人。

　　齊塔二星的小灰人，也是爬蟲類改造出來的爬蟲類人，他們比齊塔一星的人有更明顯一致的中央控制系統和集體心智網絡。這類灰人有3根手指，3呎高，身材纖細，沒有文化和文字，都是透過心電感應來溝通。他們當中有一批人很壞，對地球有威脅。

　　齊塔人大致上可分為兩派，一派人比較溫和，對人類友善，沒有侵略企圖。另一批人有明顯意圖要接管地球，以他們為後台，即是來自獵戶帝國的參宿四星球的大灰人服務。

　　他們都沒有胃，是透過皮膚或舌頭來吸收食物養分。他們有別於

221

▶ 圖5-15
實驗室培育
出的小外星
人。

哺乳類動物的生法，而是利用複製人的試管嬰兒出生，像生育工廠一樣，類似蜜蜂和螞蟻的蜂窩性組織大量生產複製人。

不過他們的科技技術並不高明，都有缺陷，一直都處在實驗階段，總是搞到自我毀滅，災難不斷，自己的星球就是遭到核子輻射污染，以致地表不能住人，被迫躲到地底下繼續改造自己的身體，才變成這副怪模樣。

在複製人方面，對基因工程的技術掌握也不是很健全，沒什麼把握（最高明的是天狼星人的技術，就是不教他們怎麼做，擔心他們會用在壞的方面或被獵戶帝國利用去奴役別人），還有解決不了的問題，因此每複製一次，複製人的素質就減弱一些，不斷退化，這才是他們最大的問題。這樣下去他們遲早要絕種，因此對人類的DNA感興趣（因為人類的DNA是天狼星人改造過的），就想透過混種來拯救自己的種族（因為他們的出生跟人類的不同，是由另一種黑暗能量所生）。

但是他們又自認科技發達，對人類的科技實力和態度是容忍兼輕視。不過跟人類比起來，他們不得不承認，自己在靈性與感情上是落後得多，簡直就像是沒開發過，因此表示羨慕。

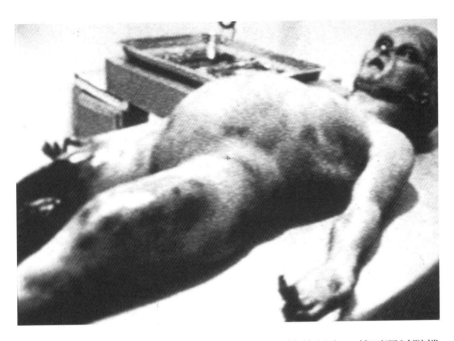

◀ 圖5-16
遭解剖的外
星人。

　　齊塔灰人是最常被地球人看到拍到照片的外星人，甚至還曾墜機被美國和蘇聯軍方捕獲解剖，如著名的羅斯威爾及51區的事件。

　　大部分挾持綁架地球人的事就是他們做的。雖然他們不殺害任何人，卻也讓被挾持的人心生恐怖，破壞其他外星人的親善形象，但最壞也不過是把牛解剖過後，再把屍體丟回到地面上來。

　　在沒有得到星際聯邦的允許和地球上的人的邀請，闖入人類的生活圈子製造恐慌，本就已經違反了星際聯邦的星際規矩，通常是警告記過，若老是破壞規矩，則會被拒絕入境。即便地球上的政府沒有能力阻擋他們，或不知道這些事情，只要是還沒有跟某個聯盟組織簽約的星球或政府，星際聯邦就可以管制和協調太空訪客維持秩序，要不

然地球的天空會很混亂，怕出意外。做法跟地球上的中立國際航空機構，協調分配飛機航線以確保安全是一樣的。

他們的祖先在久遠以前是住在天琴星系的一顆星，是黑暗之子的負面能量所生的另一種DNA組別的靈魂。星球的地理結構類似地球，由於靈性的進化跟不上科技的進步（就是有智無德，不考慮後果不自律，跟地球上很多先進國的科學家一樣），最終導致了滅絕星球的大災難。

由於原子能與核能等有危險的能量失控，使得自己的星球地表受到大面積破壞，生物全滅絕（像蘇聯的車諾比核能發電廠的輻射洩漏悲劇，對於星球的破壞更加不可收拾），他們只好躲到地底下繼續發展。

在地下洞穴這段期間，開發出複製人的技術，找到了新的出路來傳宗接代，但是技術有缺陷，每複製一次就退化一些，直到現在，還在到處找新人種做實驗以求突破。問題是，他們並沒有從這次自我毀滅的災難中吸取教訓，反而認為是因為某些情緒導致地表被破壞，因此就不再允許下一代的複製人有太多情緒，甚至完全沒有情緒，這麼做就像是把嬰兒和洗澡水一起倒掉一樣。

這一批小灰人得到爬蟲類的協助，把他們移到獵戶座內的齊塔雙星避難和建立家園，也跟一些爬蟲類簽訂了協議，為了自己的生存，答應為爬蟲類效勞，以換取生存與發展的空間。一部分人被爬蟲類，尤其是天龍星的鐵腕人所利用，來開拓疆土去採礦，因為獵戶座的很

多星球缺乏礦物質。

　　他們也借助爬蟲類的勢力和保護，去改進自己的複製人，尤其是混合人類的DNA，其他四度空間的類人就不允許他們胡來，只有地球人的科技差，阻止不了他們。雖然他們不像爬蟲類那麼好戰，卻是銀河系裡的弱勢者，也與齊塔人保持中立，不認為他們是爬蟲類的同類，而是對等合作關係，不願聽獵戶帝國的使喚。

　　另一批比較負面的齊塔人，已經變得跟爬蟲類一樣戀棧權利，給銀河系許多星球製造很多麻煩，也一樣在做同樣的基因混合實驗，不過是越做越複雜，以致停滯不前無法突破。

　　整個齊塔小灰人種族正走向滅種的絕路，除非他們在靈性上有所提升、有所長進，不再迷信科學和科技的力量與萬能。到目前為止，他們有複製出半人半灰人的新種，但還是跟人類的身體，尤其是豐富的情感有差距。

　　根據天狼星人的說法，小灰人可以掌握大家都知道的6組DNA密碼（目前人類的科學家只掌握了2組而已，已經可以複製動物，但還無法複製人類。不過，已有小灰人幫忙秘密實驗複製人類），但就是無法理解另外6組跟生理無關的靈性DNA（共12組）。這6組DNA是科學家完全不知道，也沒想過會有的東西，這就是天狼星人高超的地方，在銀河系裡，他們在這方面的技術沒人能比。

　　最震撼的還是早在幾萬年前，他們第一次改進非洲土人（已經發現的人類祖先之一）的DNA時，還暗中植入了一個基因密碼，在人類

225

的文明發展到一定水準時（物質發展已經快要到極限，沒什麼可突破而開始往靈性和精神面去探索時），將知識發達而開竅長智慧，自動激活這6組無法用有限的物理知識、科技和儀器去證明、發現和控制的DNA密碼，而且如果靈性水準沒有提升到一定程度，就無法理解和掌握，當然就無法去改變、控制、操縱，來達到自私的目的，反而會阻礙這6組DNA的演化，永久被鎖在靈魂的DNA裡面，非常安全。一旦開發出來，就再也不會退化，而是朝向正面的方向發展，提升到五度空間或更高的空間。

9

道（Dow）星球的小灰人

在齊塔小灰人裡面，還有一種非常負面的小灰人，大部分綁架人類的事就是他們幹的，就是出自齊塔二星的M2星球的道灰人。

幾萬年前，他們的太陽不再發光，星球也跟著滅亡。他們的另一批齊塔兄弟比較溫和，科技發達，分析力強，在三度空間和四度空間的層面專於療傷的工作，但這一批道的齊塔人則完全是另一幅德行。

道灰人脫離另一班灰人兄弟後，被獵戶帝國的人俘虜，經過好多世代的基因改造，已經成了爬蟲類鐵腕人和（獵戶）大灰人的奴隸和星際海盜。他們被改造得無法再自行繁衍，而且身體樣貌已經被改得面目全非，生多少完全由大灰人所控制，因為這樣他們才不會造反。因此，他們一直都處在隨時可以被終結和消滅的狀態，生不如死，朝不保夕，方便爬蟲類人們控制和差遣。

他們想重獲自由，到處找出路，結果成了星際間的流浪漢。他們已經不是原有的不好不壞的齊塔人，也已經不在他們的集體網路之內，齊塔人也跟他們劃清了界線。因為他們已經變得邪惡，為了自己的生存，什麼事情都做得出來，不會有一絲慈悲，也不會考慮行為的後果，因此對地球和人類的威脅很大。

這類灰人沒有情緒感情，卻有很強的心電感應和心智控制能力，常常利用這種能力去欺騙和隱藏真正的動機與目的。他們也跟其他齊

227

塔人兄弟一樣在尋找出路，但都不成功。問題是，他們無法讓靈魂住在他們的合成身體裡（由於獵戶帝國的設計），就只能把綁架來的人類抽取其靈體的能量（被綁架的人會出現心神恍惚、沒有精神、疲倦、臉色蒼白等精神症狀）。他們攝取人類靈體的能量，來餵養嬰兒以延續生命，同樣方法也用來俘虜、分解、囚禁靈魂，以作為將來所需，但卻一再的退化，永無翻身之日。

作為爬蟲類的海盜，他們成群結隊的帶領一大群生物學家與基因工程師，到處尋找未開發的星球和文明，透過心智控制的方法，而不是用武力去征服星球上的人。地球人在過去的5,700年就是他們的受害人，當然有獵戶帝國爬蟲類在後面指揮部署。原則上，他們已經破壞了星際規矩和原則，嚴重干擾、干涉了發展中星球的進化。這種干涉是獵戶帝國典型的作風（如英國和歐洲各國的殖民主義和美國的帝國主義）。為了平衡或抵消他們的影響力，星際聯邦允許昂宿星人介入分化他們的勢力，後來其他人，如天狼星人、織女星人，也都加入和他們抗衡。

首先，道灰人會先調查這顆星球上的國家、政府、宗教等權力組織，才決定跟最強的國家或組織接洽，用一些讓這個強國愛不釋手、非要不可的科技作餌，引誘政府跟他們簽訂協議，讓他們建立基地作為自己的生物改造實驗。

註：誘餌就是故意失事故障墜落犧牲一兩艘小型飛碟在軍事基地附近，讓軍方拾獲，待科學家摸不著頭腦怎麼操作飛碟時，才現身談條件。同樣的事件發生在蘇聯，也有可能發生在中國和其他擁有核武器的強國，也曾經發生在納粹德國，當然這都是最高機密。

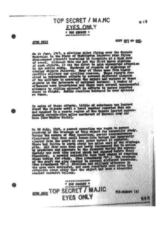

TOP SECRET / MAJIC
EYES ONLY

TOP SECRET / MAJIC
EYES ONLY

◀ 圖5-17 美政府有關飛碟撞毀檔案。

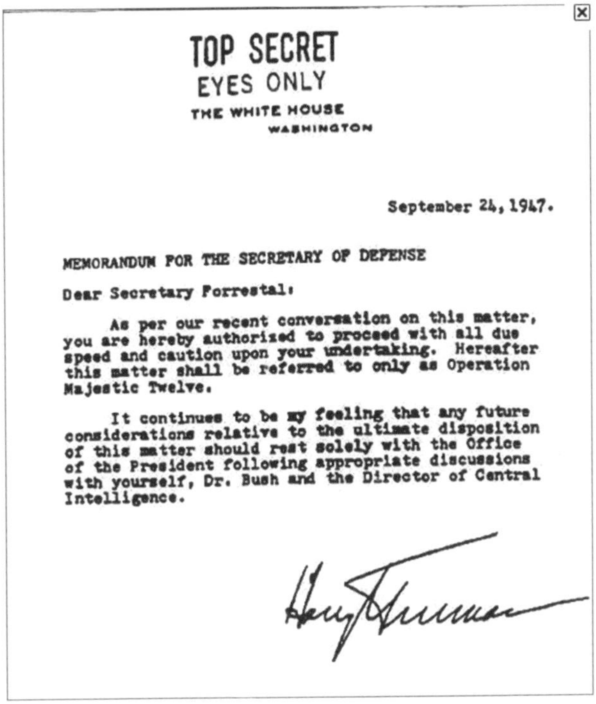

TOP SECRET
EYES ONLY
THE WHITE HOUSE
WASHINGTON

September 24, 1947.

MEMORANDUM FOR THE SECRETARY OF DEFENSE

Dear Secretary Forrestal:

As per our recent conversation on this matter, you are hereby authorized to proceed with all due speed and caution upon your undertaking. Hereafter this matter shall be referred to only as Operation Majestic Twelve.

It continues to be my feeling that any future considerations relative to the ultimate disposition of this matter should rest solely with the Office of the President following appropriate discussions with yourself, Dr. Bush and the Director of Central Intelligence.

◀ 圖5-18 美國政府UFO檔案。

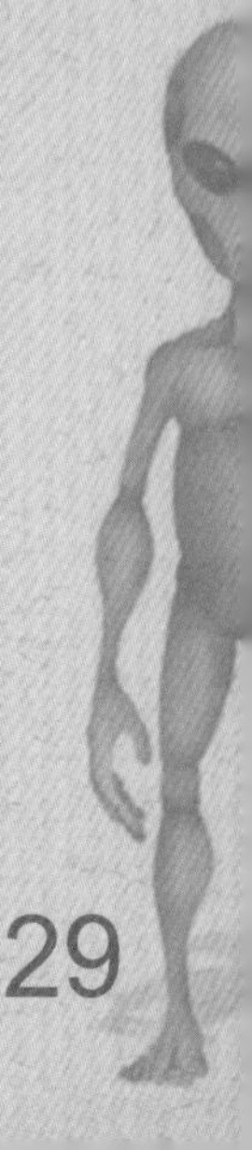

改變地球歷史的外星人
人類起源與星際文明大解密

　　一旦簽訂協議，星際聯邦就不能說他們違反自由意願的原則，也就不能再插手干預。然後，他們再逐步的控制政府，控制大企業，再解散政府，由大企業來管理國家和每一個人，成了另一個獵戶帝國的經濟體或殖民星球，以獵戶帝國控制人民的同一套模式，用金錢和宗教去控制和奴役所有人，最後才由來自總部的大灰人接管最高職位，同時複製出更多人模人樣的同類，控制這些人的心智，利用地球人的貪婪，去擴展企業的版圖，收買菁英權貴、政府官員，去出賣自己的人民和國家，拱手把權力交給合成的爬蟲類。

　　一切都是在暗地裡進行，直到完全控制整個局面，才把政府解散，邀請爬蟲類和大灰人過來進行管理工作。

　　人性的弱點和道灰人的深諳此道，是仙女星人和星際聯邦最無奈的事，很難處理。他們很懂得鑽漏洞，讓聯邦的人奈何不了，這個漏洞就是：獵戶帝國的爬蟲類也是星際聯邦的成員，原則上，遵守規定便不得直接干涉，問題是，他們是由逍遙法外的道灰人邀請，也是由星球上已經被灰人控制的政府所邀請，來設立殖民地總部的，並沒有違反不干涉、不強迫的原則。獵戶帝國沒有逼這些人和星球上的政府這麼做，他們是受邀而來的貴賓。

　　同樣的模式或戲碼，已經在銀河系裡上演了很多次，也在地球上醞釀已久，而在90年代初期接近接管階段。如果不是仙女星人和其他聯邦外星人提早拆穿他們的假面具，地球上的人（包括政界菁英）根本不可能想得到後果跟結局。因為科技太原始，找不到外星生命也

聯絡不上外星人，也迷信眼見為憑、用儀器證明的幼稚園科學知識與技術。當然，除了地球，同樣的手法也用在其他類似的三度空間星球上。

灰人已經跟美國軍方建立了合作關係，在50年代的羅斯威爾事件之後，就在51區的軍事基地建立了地下基地。在美國以及其他基地駐紮的道灰人不到2千人，卻有數以千計的複製人，被他們心智控制（在腦裡置入生物晶片，化學的，沒有硬體，感應器測不出來）。

道灰人的前身是齊塔人，同樣是網路性組織，思考體系，蜂窩意識（Bee-hive consciousness）。全部道灰人透過一個中心點（類似主機超級電腦），接收指示和傳達分享訊息，在月球上也有幾千人，早在他們被人類發現之前，就已經在月球上的基地活動了幾千年，當然，都是在月球背面，因為月球不像地球那樣橫著轉，而是直著轉。1953年、1955年和1957年，他們的中型母艦曾經在赤道線上出現過，每艘母艦上載了好幾千人。一些他們的飛船可以潛入海底，不濺起一點水花。最大的母艦躲在太平洋最深處，復活節島以東的附近（因為他們怕光怕熱，習慣洞穴般的生活，爬蟲類則喜歡沙漠地帶的乾燥，類似他們的家鄉。另外一個原因是，海床底下埋了獵戶帝國在亞蘭提斯時代留下的心智控制超級電腦主機）。另外兩艘已經離開地球軌道，去了火星的火衛一衛星，跟來自天龍星球的爬蟲類會合，進行那裡的殖民地事務。

雖然道灰人跟他們的齊塔人堂兄弟一樣，到處在尋找拯救自己族

類的出路，但是跟齊塔人的溫和做法卻截然不同，道灰人是未經許可
的破壞自由意願法則，暗地裡進行接種和配種的繁衍，混合人類的
DNA、RNA和他們自己的生理結構，來延續自己的下一代。他們的
DNA是爬蟲類和植物的混合體，必須加入人類的遺傳因子，藉以停止
自己肉體的退化。

　　原本他們跟美國軍方的協議是，要跟人類分享科技與訊息，美國
軍方想獲得絕對優勢的科技，去製造更先進的軍事武器，就同意讓他
們建立秘密實驗室和基地，完全不對外公開，完全隱秘的研究地球文
明。但是，一旦簽約，就利用更先進的心智控制技術，在地球上操
縱局勢讓人類之間互相挑釁攻擊（北韓跟南韓危機就是其中一個例
子）。

　　一般他們會控制那些有影響力有權力又有爬蟲類特質的菁英和政
府領袖，去策劃動亂和對立導致戰爭（如911事件隨後的伊拉克戰爭
以及之後再增兵阿富汗），拉倒任何不受控制、不聽話的政府（如中
國和印度），最終目標是統一全世界，由一個超級強國來控制和指使
所有人，再邀請獵戶帝國的大灰人進駐解散政府，透過跨國企業，管
理每一個國家和人民，變成另一個翻版的獵戶帝國（即已經有些極權
政府以管理大公司的方式在經營國家）。

　　他們會以救世主和大好人的面貌出現（即他們選出來的魅力強
人），把壞事都歸咎於那些被他們消滅的敵人，這樣就可以明正言順地
獲得全世界人民的擁戴，到一切塵埃落定之後，才露出他們的真面目。

　　跟過去和現代史上的許多強人魅力領袖一樣，一旦擁有絕對權力之後，就變得絕對腐敗和殘暴，再也不是剛開始時的人民英雄、救星或賢人義士。

　　美國軍方一些知情的人知道已經闖了禍，卻完全不是道灰人的對手，趕也趕不走，又不能公開承認揭發他們，因為會遭到人民的責問與道灰人的對付。軍方和美國秘密政府單位只好透過蒙托克計畫，進行時空旅行實驗（只到了火星，其他更高次元都到不了，派去的人都回不來），派人到未來世界帶回一些可以應付道灰人的科技，逼他們離開（不過都宣告失敗）。

　　美國的秘密政府已經把這個目標當作終極目標，而不想再製造什麼絕對優勢的武器，去打壓蘇聯和中國，因為蘇聯和中國也跟美國一樣有能力研發更先進的武器，但他們都沒有侵略和挑釁意圖，反而自保的作用多，忙著拼經濟致富，而不想打仗，不會威脅美國的安危。而且軍備競賽一直持續，沒有贏家，眼前最大的敵人，就在自己家的後院匍匐繁衍，自己恐怕連地位跟政權都保不住了，就更別想去擔心蘇聯和中國的遠程威脅。

　　所以解決問題還得靠美國人推選出不受秘密政府控制的政黨（如新進的茶黨）與國會，去否定過去的不合法協議，把道灰人的基地消滅，請他們離開地球，要不然就請星際聯邦的人幫忙。唯一制得了道灰人和爬蟲類的是，管理本銀河系隸屬於星際聯邦的強大艦隊Ashtar Command（灰人和爬蟲類都不敢得罪，也就是邪不勝正），但Ashtar

指揮部不會跟不代表人民意願的秘密政府談合作，除非聯合國另外成立一個中立組織，代表全人類，才有得談。

這個協會已經成立，叫「星際政治事務所」（Exo-politics），由民間的正義之士組成，以後可能會取代聯合國代表人類跟星際聯邦接洽，解決各種問題和收拾爛攤子。

其實，獵戶帝國和星際聯邦的光明與黑暗之戰，已經在90年代初期分出了勝負，關鍵點是，尼必魯上的爬蟲類放棄聯合獵戶帝國接管地球的打算，Ashtar Command取得主導權，帶領全部人協助地球提升到四度空間，成為星際大家族的新成員之一。

另一方面，地球上的星際種子跟流浪者也大部分覺醒，正在發揮力量改變地球的頻率，使之轉暗為明，獵戶帝國的首領們預見到大勢已去，就逐步撤退，不想浪費時間作沒有勝算的努力，只留下道灰人繼續玩他們自己的遊戲，結果是越玩越糟，導致更多人覺醒。

心靈提升已是必然的事情，不再是失敗或成功的問題，而是什麼時候。現在星際聯邦的人，尤其是天狼星人，在評估了整體情況之後，知道勝券在握，就按照計畫啟動各地的水晶能量，以促使更多人覺醒，正在中東發生的事情，就是最好的例子之一。

目前星際聯邦的工作是加速提升，而不是對付大敵獵戶帝國，就按原定計畫在2012年12月22日（這一天被流傳為世界末日）完成轉換到四度空間的過程，而不是原先被動的等到所有人或更多人覺醒之後，願意提升了才來提升，要不然會有更多人死在持續加劇惡化的地球環境和自然災害之中。

附錄

本書主要參考資料

1. Stewart Swerdlow，The Heaier's Handbook：A Journey Into Hyperspace, Sky Books.1999

2. Montauk：The alien Connection, Sky Books.1998

3. 地球を支配するブル--ブラッド爬虫類人DNAの系譜，五木しほ，德間書店，2010

4. 天地創造の謎とサムシンググレ--ト，久保有政，学研，2009

5. 超次元の扉，クラリオン星人に私，淺川嘉富，德間書店，2009

6. 人類史をくつがえす奇跡の石，（Ica Stone）林陽，德間書店，2006

7. 地球の支配者は爬虫類人的異星人である，太田龍，成甲書房，2007

8. http://asios-blog.seesaa.net/

9. http://www.edhca.org/

10. http://www.cnes-geipan.fr

11. http://www.ufo.org.tw/

12. http://www.mufon.com/桐

13. 中文書籍：著者過去30年所著相關書60多本及發表論文等

國家圖書館出版品預行編目資料

改變地球歷史的外星人／江晃榮 著. -- 初版. -
　臺北市：采竹文化, 2013.03
　　面 ； 公分. - -（Discover；08）
ISBN 978-986-197-548-1（平裝）

1. 外星人 2. 不明飛行體 3. 奇聞異象

326.96　　　　　　　　　　102002749

Discover 08

改變地球歷史的外星人（新裝版）

作　　者：江晃榮
發 行 人：周心慧
執行總裁：李方田
執行主編：劉信宏
封面設計：許晉維
美術編輯：蕭衛璘
出 版 者：采竹文化事業有限公司
劃撥帳號：19483681
戶　　名：采竹文化事業有限公司
E－m a i l：tsaichu.tw@yahoo.com.tw
地　　址：台北市內湖區康寧路3段16巷45號5樓
電　　話：(02) 2630-8016
傳　　真：(02) 2632-7143
經 銷 商：朝日文化事業有限公司
電　　話：(02)2249-7714
傳　　真：(02)2249-8715
地　　址：新北市中和區橋安街15巷1號7樓
製　　版：全印排版科技股份有限公司
印　　刷：久裕印刷事業股份有限公司
初版一刷：2012年03月
定　　價：260元
Ｉ Ｓ Ｂ Ｎ：978-986-197-548-1

114 台北市內湖區康寧路3段16巷45號5樓

采竹文化事業有限公司 收

D_{i8}Cover **08**

改變地球歷史的外星人

讀 者 回 函

各位讀者，您好：

　　為能了解您對本書的意見和看法，並作為采竹文化日後精進出版業務的參考，懇盼您撥冗惠賜卓見，非常謝謝您的協助！

　　順頌　身體健康　萬事如意！

※請在您認為最適合選項前□內打✓，謝謝！

姓名：　　　　　　生日：　　　　　　　e-mail：

地址：

1. 請問您的性別？
　　□ 男性　　□ 女性
2. 請問您的婚姻：
　　□ 已婚　　□ 單身
3. 請問您的年齡？
　　□ 20歲以下　　□ 21-30歲　　□ 31-40歲　　□ 41-50歲
　　□ 51-60歲　　　□ 61歲以上
4. 請問您的教育程度為何？
　　□ 小學　　□ 國中　　□ 高中（職）　　□ 大學（專）
　　□ 研究所以上　　　□ 其他
5. 請問您的職業？
　　□ 製造業　　□ 銷售業　　□ 金融業　□ 資訊業　□ 學生
　　□ 大眾傳播　□ 自由業　　□ 服務業　□ 軍警　　□ 公
　　□ 教　　　　□ 其他
6. 請問您通常以何種方式購書？
　　□ 逛書店　　□ 劃撥郵購　　□ 電話訂購　　□ 傳真訂購
　　□ 團體訂購　□ 銷售人員推薦　□ 其他
7. 請問您從何得知本書消息？
　　□ 逛書店　　　□ 報紙廣告　　□ 親友介紹
　　□ 廣告信函　　□ 廣播節目　　□ 書評
8. 您覺得本書及封面及內文美工設計？
　　□ 非常滿意　　□ 滿意　　□ 普通　　□ 不滿意　　□ 非常不滿意
9. 請問您希望以何種方式收到最新出版消息？
　　□ 郵件　　□ 傳真　　□ 電子郵件

※對我們的建議：